高等职业教育土建施工类专业融媒体创新系列教材

BIM 机电建模与应用

主　编　王文利
副主编　占征杰　汤　黎

中国建筑工业出版社

图书在版编目（CIP）数据

BIM机电建模与应用 / 王文利主编 ；占征杰，汤黎
副主编. -- 北京 ：中国建筑工业出版社，2023.6（2024.9重印）
高等职业教育土建施工类专业融媒体创新系列教材
ISBN 978-7-112-28538-9

Ⅰ. ①B… Ⅱ. ①王… ②占… ③汤… Ⅲ. ①建筑工
程-机电设备-计算机辅助设计-应用软件-高等职业教
育-教材 Ⅳ. ①TU85-39

中国国家版本馆CIP数据核字（2023）第054432号

本教材覆盖水暖电全专业建模和优化，共包括9个任务，分别为：BIM机电概论、项目样板的创建、给排水系统模型的绘制、消防系统模型的绘制、暖通系统模型的绘制、电气系统模型的绘制、碰撞检查、工程量统计和图纸设置、Revit机电建模操作技巧提示。

本教材适合高等职业教育土木建筑类师生使用。

为方便教师授课，本教材作者自制免费课件，索取方式为：1. 邮箱 jckj@cabp.com.cn；2. 电话（010）58337285；3. 建工书院 http://edu.cabplink.com。

责任编辑：张 健 李天虹
责任校对：张 颖

高等职业教育土建施工类专业融媒体创新系列教材

BIM机电建模与应用

主 编 王文利
副主编 占征杰 汤 黎

*

中国建筑工业出版社出版、发行（北京海淀三里河路9号）
各地新华书店、建筑书店经销
北京鸿文瀚海文化传媒有限公司制版
北京圣夫亚美印刷有限公司印刷

*

开本：787毫米×1092毫米 1/16 印张：10½ 字数：205千字
2023年6月第一版 2024年9月第二次印刷
定价：**39.00**元（赠教师课件）
ISBN 978-7-112-28538-9
（40873）

版权所有 翻印必究
如有印装质量问题，可寄本社图书出版中心退换
（邮政编码 100037）

王文利

　　武汉交通职业学院副教授，工学博士（武汉理工大学），二级注册结构工程师，一级建造师，BIM 高级建模师。主持完成湖北省教育厅科研指导性项目 1 项，湖北省教育厅人文社会科学研究项目 1 项，其他部门科研课题 1 项；主要参与完成国家自然科学基金重点项目 1 项，湖北省教育厅"荆楚卓越人才"协同育人计划项目 1 项，其他部门科研课题 3 项；连续多年指导学生参加全国大学生结构设计竞赛、全国高校 BIM 应用毕业设计大赛等各类竞赛获奖 30 余项，其中获一等奖 10 项。公开发表学术论文（著）近 10 篇，其中 SCI 收录 1 篇、EI 收录 4 篇；出版专著 2 部，教材 2 部；申请实用新型专利 1 项。获武汉交通职业学院第二届教学成果奖二等奖 1 项，武汉交通职业学院教学能力比赛三等奖 1 项。

《2016—2020 年建筑业信息化发展纲要》强调，"十三五"时期，全面提高建筑业信息化水平，着力增强 BIM 等信息技术集成应用能力，建筑业数字化、网络化、智能化取得突破性进展，形成一批具有较强信息技术创新能力和信息化应用达到国际先进水平的建筑企业及具有关键自主知识产权的建筑业信息技术企业。随后《建筑信息模型应用统一标准》GB/T 51212—2016、《建筑信息模型设计交付标准》GB/T 51301—2018 等标准规范的密集发布，使得信息共享能力、协同工作能力、专业任务能力得以大幅提升。

本书利用 Revit 软件，结合实际工程实例，介绍了项目样板、给排水模型、消防、暖通、电气等专业的模型的创建步骤，并对机电全专业模型的碰撞检查和工程量统计等应用点进行了阐述。编写上力求浅显易懂，突出示范性。本书特点如下：

一、基于"教学做一体化，以任务为导向"的课程设计历练

以一个典型的、完整的实际工程为案例，以任务为导向，每一个任务都可以成一个活页，且按照"任务说明——任务分析——相关知识——任务实施——拓展练习"为整体学习主线，让学生完成每一步任务的同时，有效掌握每一个任务的理论知识和实操。

二、以实际项目为导向，贯串所有章节

基于"某高校食堂"项目，完成水、暖、电模型的创建，及机电模型管线综合设计和碰撞检查。内容丰富，实践性强。

三、图文并茂，逻辑严密

为了使软件命令及软件操作过程更加通俗易懂，本书操作要点均配置了图片，使

每个命令在操作过程中一目了然，大大减少了操作不明确的问题。

四、对接 1+X（BIM）职业标准，充分实现课证融通

本书作者剖析 1+X 建筑信息模型（BIM）初级和建筑设备中级历次考试真题，分专题进行详细介绍，给参与 BIM 考试者提供了有价值的复习资料。

本书由武汉交通职业学院交通工程学院王文利老师编写任务 1~4、李秀和梅钢老师编写任务 5，湖北工业大学工程技术学院占征杰老师编写任务 6，武汉楚天中创数字科技有限公司明亮亮编写任务 7，中铁大桥局七公司汤黎编写任务 8，武汉城市职业学院周志霞老师编写任务 9，王文利和占征杰老师负责全书的统筹工作。由于编者水平有限，书中难免有不妥之处，敬请读者谅解。

目录
Contents

任务 1
BIM 机电概论

1.1 BIM 简介

建筑信息模型（Building Information Model）是以计算机三维数字技术为基础，集成了各种相关信息的工程数据模型，可以为设计、施工和运营提供相协调的、内部保持一致的并可进行运算的信息模型，是 Building Information Modeling（建筑信息模型创建）和 Building Information Management（建筑信息管理）的基础。

1.1.1 BIM 的价值

BIM 的精粹在于各类工程模型的集成和信息的整合。"M"是重要的载体，"I"则是其灵魂。"I"使得 BIM 变得更加具有生命力。

1. 可视化的三维模型

可视化就是"所见即所得"，BIM 通过建模软件将传统二维图纸表达的工程对象以全方位三维模型展示出来，模型严格遵守工程对象的一切指标和属性。建模过程中，由于构件之间的互动性和反馈性的可视化，工程设计中的诸多问题与缺陷提前暴露出来。可视化覆盖了设计、施工、运营的各阶段，各参与方的协调、交流、沟通、决策均在可视化的状态中进行。BIM 可视化的价值占 BIM 价值的半壁江山。如图 1-1 所示为利用 Revit 软件创建的某工程机电专业的可视化模型。

2. 面向工程对象的参数化建模

参数化建模是利用一定的规则确定几何参数和约束，完成面向各类工程对象的模型搭建，模型中每一个构件所含有的基本元素是数字化的对象。

参数化建模的简便之处在于关联性的修改。例如一项工程中，需要修改所有消火栓箱的尺寸，此时只需将代表消火栓箱尺寸的参数修改即可使同类构件统一更正，大

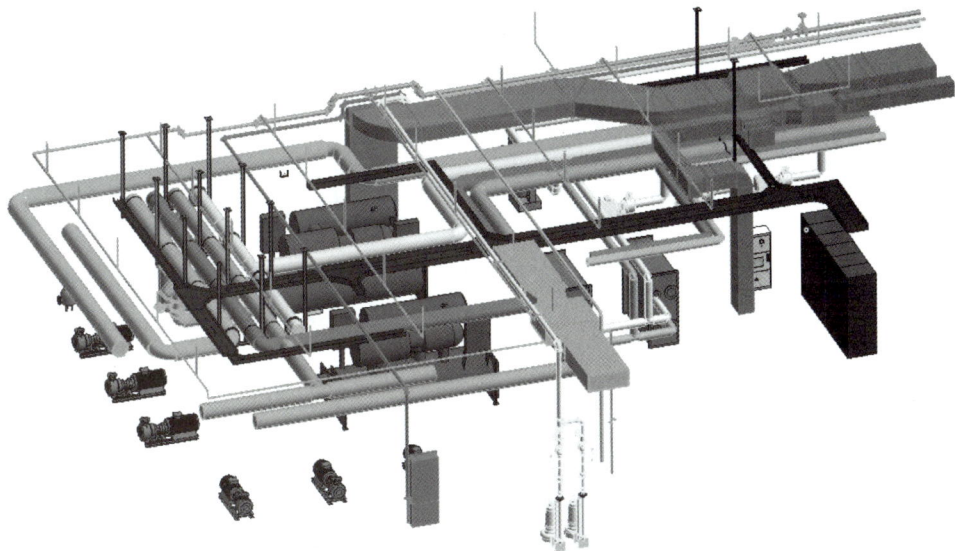

图 1-1 利用 Revit 软件创建的机电模型

大减少了重复性的工作。

3. 覆盖全程的各专业协作

协作对整个工程行业都是不可或缺的重点内容。由于 BIM 的协作特点，业主、设计方、施工方在同一个平台上，各参与方通过 BIM 模型有机地整合在一起共同完成项目，当某个专业的设计发生变更时，BIM 相关软件可以将信息及时传递给其他参与者，平台数据也会及时更新。

BIM 技术的应用每年都在发生变化，随着实践的不断深入和应用价值的不断显现，BIM 应用也从单纯的技术管理走向项目管理、企业管理，甚至建设方的全链条应用。不同参与者站在各自的角度对 BIM 的价值有不同程度的认识。美国斯坦福大学整合设施工程中心将不同单位进行量化处理，总结出使用 BIM 有如下优势：

（1）消除 40% 预算外更改；

（2）造价估算控制在 3% 精确度范围内；

（3）造价估算耗费时间缩短 80%；

（4）通过发现和解决冲突，将合同价格降低 10%；

（5）项目时限缩短 7%，提早实现投资回报。

1.1.2　BIM 机电应用现状

在 BIM 技术全球化的影响下，我国于 2004 年引入了 BIM 相关技术软件。随着我国 BIM 浪潮的掀起，在 2008 年由中国建筑科学研究院、中国标准化研究院起草了《工业基础类平台规范》GB/T 25507—2010，并将 IFC 标准作为我国国家标准。

2011 年 5 月住房和城乡建设部发布了《2011—2015 年建筑业信息化发展纲要》，首次在政策中提及 BIM 概念，并强调"十二五"期间，基本实现建筑企业信息系统的普及应用，加快建筑信息模型（BIM）在工程中的应用。

2016 年 8 月住房和城乡建设部发布《2016—2020 年建筑业信息化发展纲要》，强调"十三五"时期，全面提高建筑业信息化水平，着力增强 BIM 等信息技术集成应用能力，建筑业数字化、网络化、智能化取得突破性进展，形成一批具有较强信息技术创新能力和信息化应用达到国际先进水平的建筑企业及具有关键自主知识产权的建筑业信息技术企业。

随后，《建筑信息模型应用统一标准》GB/T 51212—2016、《建筑信息模型施工应用标准》GB/T 51235—2017、《建筑信息模型设计交付标准》GB/T 51301—2018 等标准规范的密集发布，使得信息共享能力、协同工作能力、专业任务能力得以大幅提升。

至此，工程建设行业的 BIM 热度日益高涨，政府层面的推动为 BIM 的应用发展提供了良好的条件。各大施工企业和设计院开始使用 BIM，并成立 BIM 小组、BIM 应用中心，各大高校也正积极探索研究 BIM 技术，我国 BIM 的发展正如火如荼地进行着。

目前国内大型项目都要求在全生命周期使用 BIM。以某超高层综合体项目为例，该工程结构复杂，机电管线繁多，管线密集区域主要为地下室、设备机房、竖井、各功能房等部位，应用 BIM 技术梳理不规则平立面结构的空间集合关系，对施工重点及难点进行施工模拟，优化施工工艺，将管线碰撞检查和 4D 施工模拟应用于机电施工，实现机电综合模拟施工，避免了机电管线交叉碰撞、净空不足等问题。

1.2　Revit 软件基本知识

Revit 软件可以创建面向建筑设备及管道工程的建筑信息模型，使用 Revit 软件进行水暖电专业设计和建模，主要有如下优势：

1. 按照工程师的思维模式进行工作，开展智能设计

Revit 采用整体设计理念，从整体建筑物的角度来处理信息，将排水、暖通和电气系统与建筑模型关联起来，为工程师提供更佳的决策参考和建筑性能分析。借助

Revit，工程师可以优化建筑设备及管道系统的设计，更好地进行建筑性能分析，充分发挥 BIM 的竞争优势，促进可持续设计。

2. 借助参数化变更管理，提高协调一致

利用 Revit 软件建立的管线综合模型，在模型的任何一处进行变更，可在整个设计和文档中自动更新。同时，通过软件实时可视化功能，改善与客户的沟通并更快地作出决策，设计师可以通过创建逼真的建筑设备及管道系统三维模型，及早发现错误，避免让错误进入现场并造成代价高昂的现场设计返工。借助全面的建筑设备及管道工程解决方案，最大限度地简化应用软件管理。

1.2.1 Revit 软件界面

启动 Revit 后，即可进入如图 1-2 所示的界面。

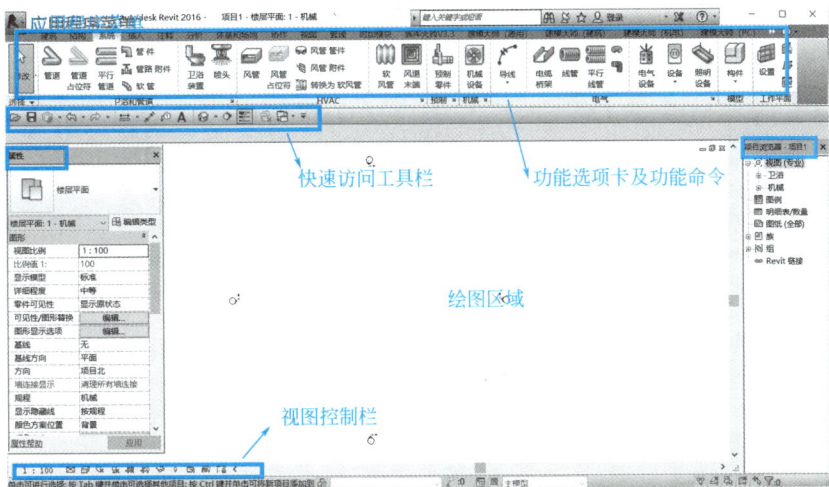

图 1-2　Revit 用户界面

1. 应用程序菜单

如图 1-3 所示，应用程序菜单主要涉及 Revit 文件的新建、打开、保存等基本功能。

2. 快速访问工具栏

常用的一些功能可以快速地访问，也可以根据设计者需要自定义快速访问工具栏，如图 1-4 所示。

3. 功能选项卡

将光标停留在功能区的某个工具时，会显示"工具提示"。"工具提示"提供该工具的简要说明。如果光标在该功能区工具上再停留片刻，则会显示附加的信息，出现工具提示时，按"F1"键可以获得上下文相关帮助，其中包含有关该工具的详细信息，如图 1-5 所示。

图 1-3　应用程序菜单

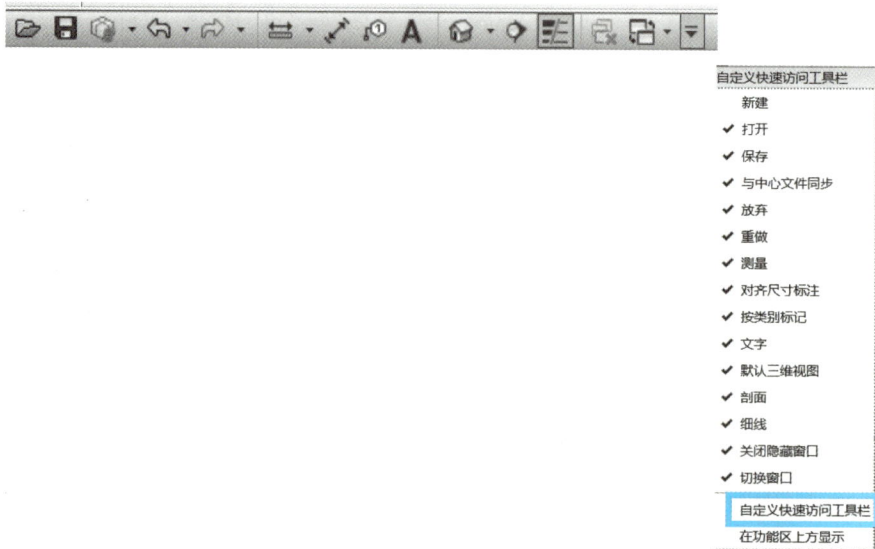

图 1-4　快速访问工具栏

4. 属性面板

属性面板主要有"实例属性""类型属性"两类。"实例属性"指的是单个图元

BIM 机电建模与应用

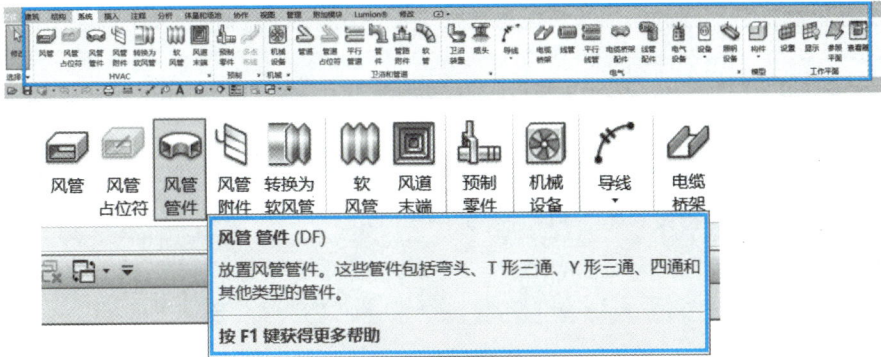

图 1-5　功能选项卡及工具提示

的属性，"类型属性"指的是一类图元的属性，如图 1-6 所示在弹出的属性面板中修改任意信息，则该类型的信息均被修改。

【注意】：属性面板是常用工具，绘图要保持开启状态，以方便随时查看绘制构件的相关属性。

5. 项目浏览器面板

项目浏览器面板是 Revit 常用的工具之一，如图 1-7 所示，绘图时处于开启状态。

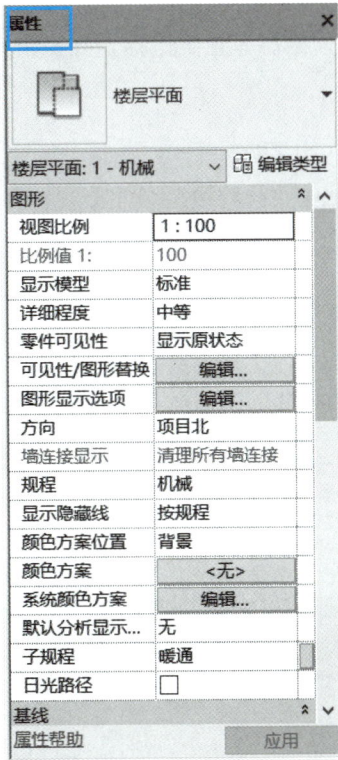

图 1-6　属性面板

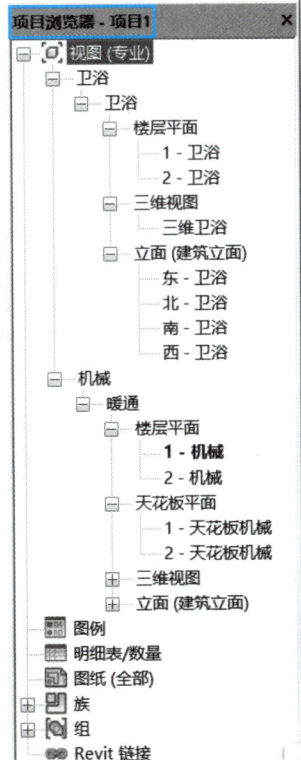

图 1-7　项目浏览器面板

项目浏览器面板包括当前项目所有信息，如项目中所有视图、明细表、图纸、族、组、链接的 Revit 模型等项目资源。

6. 视图控制栏

视图控制栏主要功能为控制当前识图显示样式，包括视图比例、详细程度、视觉样式、日光路径、阴影设置等工具，如图 1-8 所示。

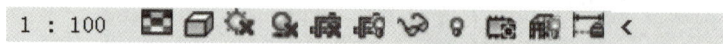

图 1-8　视图控制栏

1.2.2　Revit 软件绘制机电模型的流程

1. 中心模型建立

（1）创建工作集；

（2）选择合适的项目样板或定制样板；

（3）链接建筑模型，复制监视轴网和标高；

（4）建立中心模型，并确保本地文件和中心模型数据同步。

2. 各专业协调确定关键层、防火分区、吊顶标高等重要指标，并初步完成关键层和机房模型

（1）与土建专业确认机房等设计要求，形成初步的管综方案；

（2）完成给排水、暖通、电气、消防等专业主管线的绘制。

3. 深化施工图模型

（1）碰撞检查；

（2）确定关键节点位置；

（3）管综负责人协调设计和优化，保证主管道和公共区域管道无碰撞；

（4）用 Navisworks 等软件，以人的视角，查改不合理和明显错误的地方。

4. 模型应用

（1）管道间距表；

（2）工程量统计；

（3）施工图出图。

任务 2
项目样板的创建

2.1 任务说明

在一个项目开始前，为了保证项目的统一性，我们通常需要设置一个项目样板文件。

项目样板作为新项目的起点，包括 Revit 视图样板、已载入的 Revit 族、标高、轴网一定的设置（如单位、填充样式、线样式、线宽、视图比例等）。

针对机电项目模型，选择基于"机械样板"或"Systems-DefaultCHSCHS.rte"，新建"项目样板"便于创建各专业项目文件使用。

微课视频
2.1

2.2 任务分析

项目样板文件的制作主要包括：

（1）项目信息、单位设置；

（2）设置管道（风管）系统类型和属性；

（3）设置管道（风管）显示属性；

（4）设置视图样板；

（5）构件族整理；

（6）标高和轴网。

微课视频
2.2

2.3　项目样板相关知识

样板就是模板，Revit 提供了若干样板，并使用文件扩展名".rte"，用于不同的规程和建筑项目类型使用者选用，也可以自定义样板，以满足特定的需求。

在样板中预先设置一些项目中通用的设置，比如单位、填充样式、族、标高、轴网等。保存样板以后，基于样板新建的项目，不需要重复修改相应的参数设置。

【注意】：每个项目都需要建立在一个样板里面，只是不同的项目类型，可以基于不同的样板，比如建筑模型一般选择"建筑样板"，绘制结构钢筋的模型一般选用"结构样板"，对于机电模型一般选择"机械样板"或"系统样板"，机械样板中没有电气规程。

2.4　任务实施

2.4.1　新建项目样板并保存

本任务主要介绍某高校食堂的机电项目样板文件的创建。

1）新建项目→机械样板→项目样板→确定，如图 2-1（a）所示。或者，新建项目→浏览→双击"Systems-DefaultCHSCHS.rte"项目样板→确定，如图 2-1（b）所示。

2） ▲→另存为→样板→"食堂机电样板.rte"，如图 2-2 所示。

(a) 用"机械样板"新建项目样板

图 2-1　新建项目样板（一）

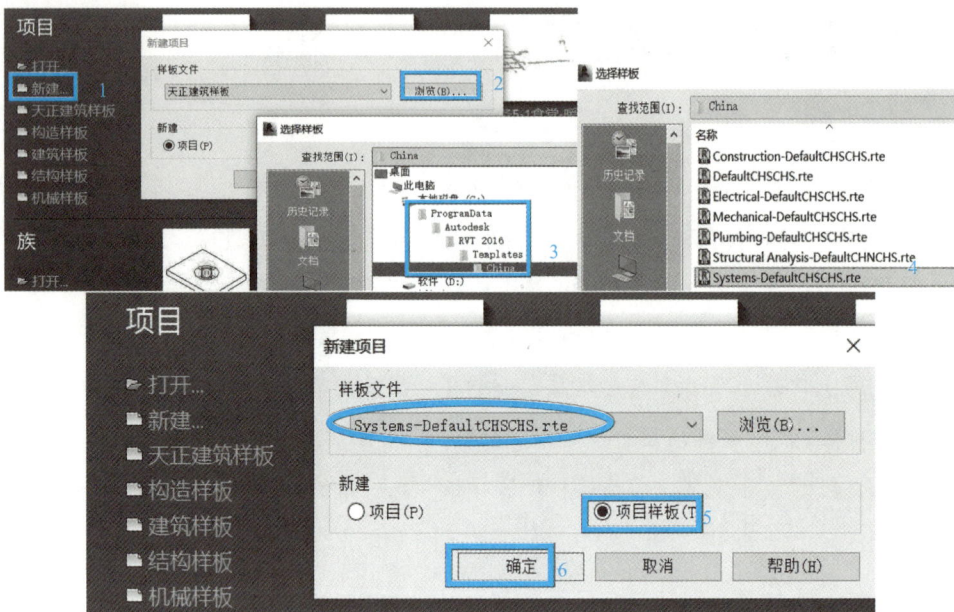

(b) 用"系统样板"新建项目样板

图 2-1 新建项目样板（二）

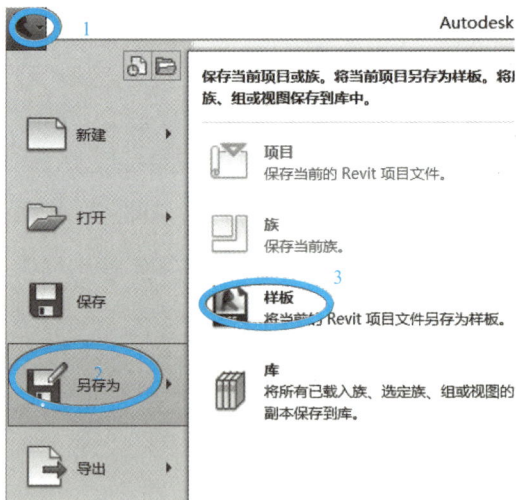

图 2-2 保存项目样板文件

2.4.2 项目信息、单位设置

在已经保存的项目样板文件中进行项目信息和项目单位等参数的设置，方法如图 2-3 所示。

（1）项目信息设置

管理→项目信息→项目发布日期、项目地址、项目名称等。

（2）项目单位设置

管理→项目单位→公共单位（长度、面积、体积等）、管道、HVAC 等。

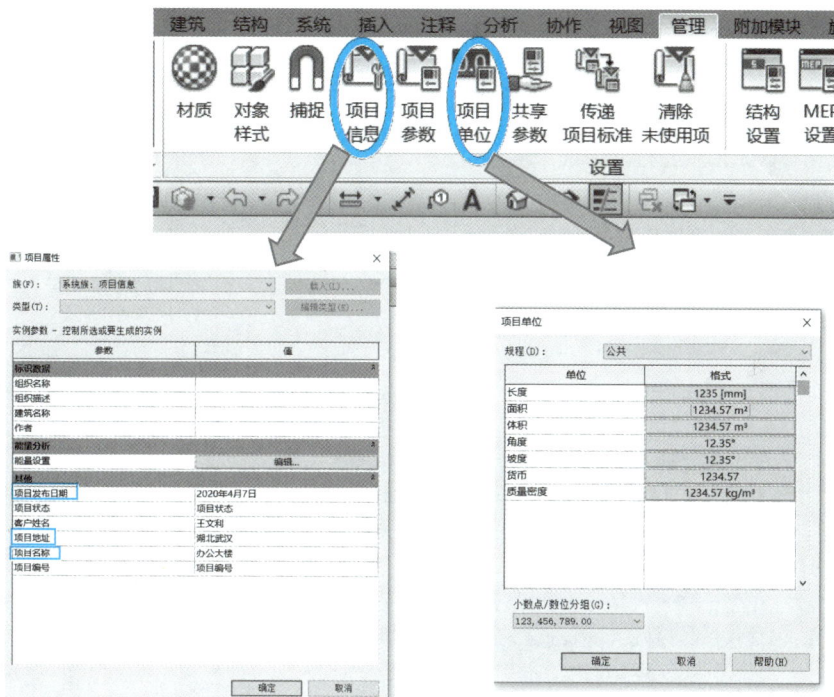

图 2-3　项目信息和项目单位的设置

2.4.3　设置管道系统类型和属性

Revit 预定义了 11 种管道系统分类和 3 种风管系统分类。可以基于预定义的 11 种系统分类来添加新的管道系统类型，但在添加新的管道（风管）系统类型时，要注意选择与之匹配的系统分类。

（1）管道系统的创建

项目浏览器→族→管道系统→右键单击某一管道系统→复制→重命名。

命名规则：专业代码[①]+ 系统缩写 + 系统名称。如"P-J 给水管"是本食堂项目中需要的管道系统，如图 2-4 所示。

_____

①　专业代码见《建筑信息模型设计交付标准》GB/T 51301—2018 表 3.2.4。

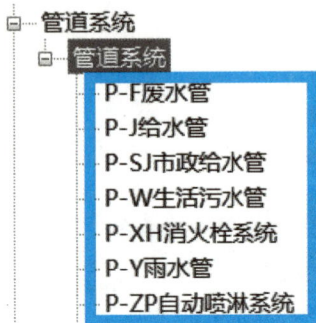

图2-4　本食堂项目的管道系统

【注意】：①系统类型不能新建，只能在某个系统上单击鼠标右键，然后复制，重命名为新的系统类型名称。

②在复制新建系统(给水、排水、废水、消防、热供水、热回水等)时，应按管道的功能选择相对应的系统进行复制。如：给水管→家用冷水或循环供水或卫生设备；排水/废水/雨水管→卫生设备；热供水→循环供水；热回水→循环回水；消防→其他消防系统……

（2）编辑各管道系统的类型属性

双击某一管道系统(如: P-J给水管)→类型属性→图形替换/材质/缩写,如图2-5所示。

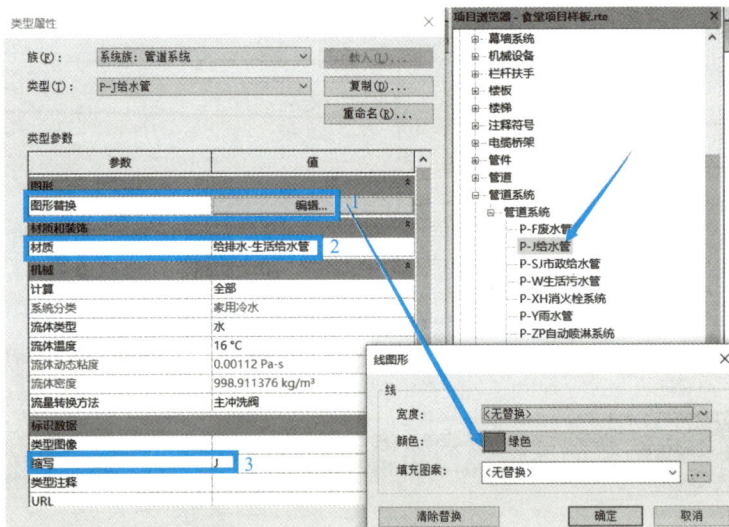

图2-5　编辑各管道系统的类型属性

【注意】：系统"图形替换"的优先级介于"阶段化"和"过滤器"之间，即针对类型设置的宽度、颜色和填充图案将替换针对类别的设置；但是，视图过滤器始终优先于系统图形替换中的设置。

（3）设置管道类型

不同的管道系统对应不同的管道类型，管道类型命名规则：系统名称＋管道材质。

管道类型的设置包括三重信息：管道所属系统、管道材质和管道连接方式(管件)。

① 新建管道类型，并选择对应的系统类型（图2-6）

系统→管道→编辑类型→复制→重命名"J 给水 –PPR 管"→系统类型为"J 给水管"。

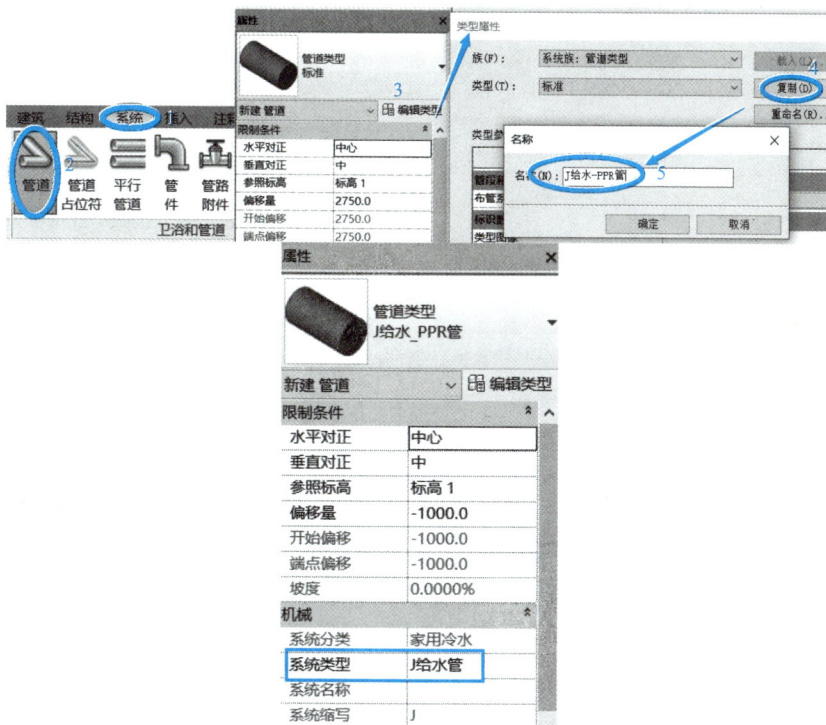

图 2-6　新建管道类型，并选择对应的系统类型

② 布管系统配置（图 2-7）

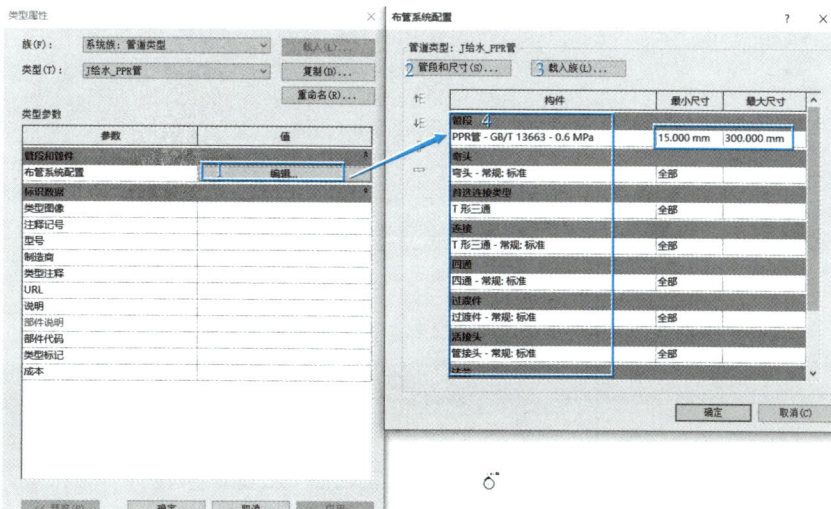

图 2-7　布管系统配置

布管系统配置→编辑→管段和尺寸→新增（或选择）材质→新建尺寸→载入族→
选择管段材质（图2-8）和尺寸（图2-9）→选择合适的管件（图2-10）。

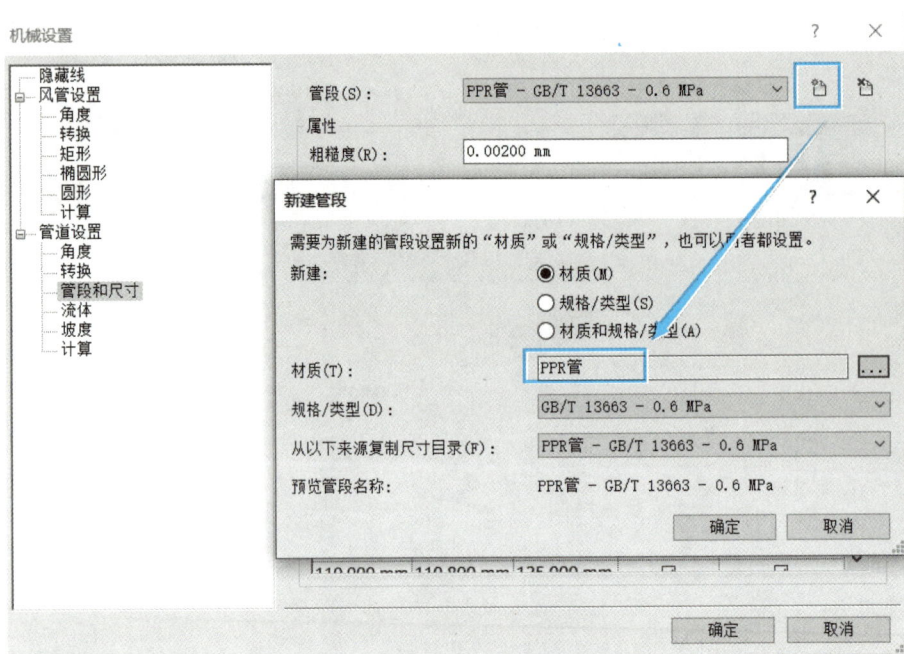

图2-8　管段材质定义

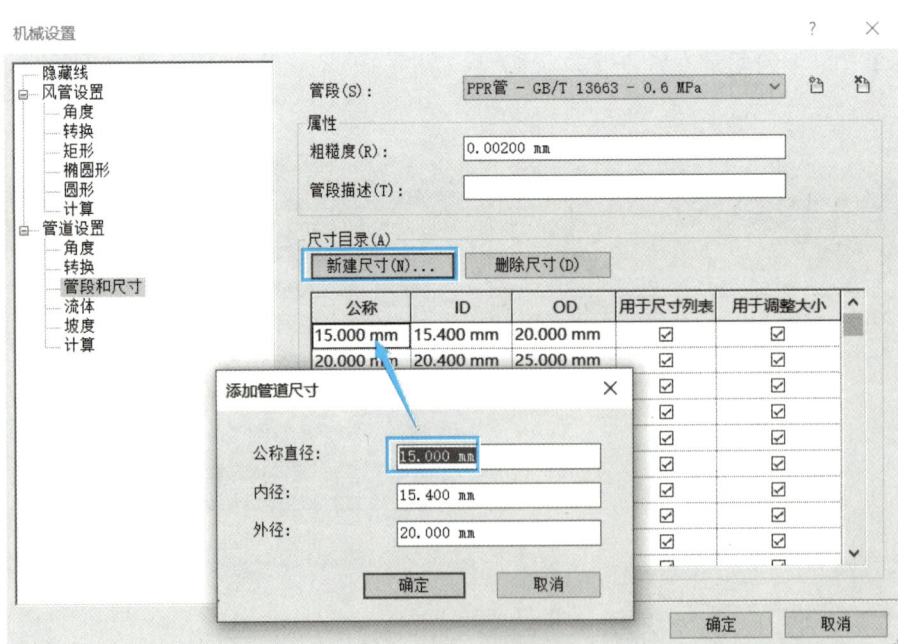

图2-9　新建管段尺寸

BIM 机电建模与应用

管道类型：P排水管-UPVC管

管段和尺寸(S)...	载入族(L)...

构件	最小尺寸	最大尺寸
管段		
PVC-U - GB/T 5836	25.000 mm	300.000 mm
弯头		
弯头 - PVC-U - 排水: 标准	全部	
首选连接类型		
T 形三通 ▾	全部	
连接		
顺水三通 - PVC-U - 排水: 标准	全部	
四通		
顺水四通 - PVC-U - 排水: 标准	全部	
过滤件		
同心变径管 - PVC-U - 排水: 标准	全部	
活接头		
管接头 - PVC-U - 排水: 标准	全部	
法兰		
无	无	
管帽		
管帽 - PVC-U - 排水: 标准	全部	

确定	取消(C)

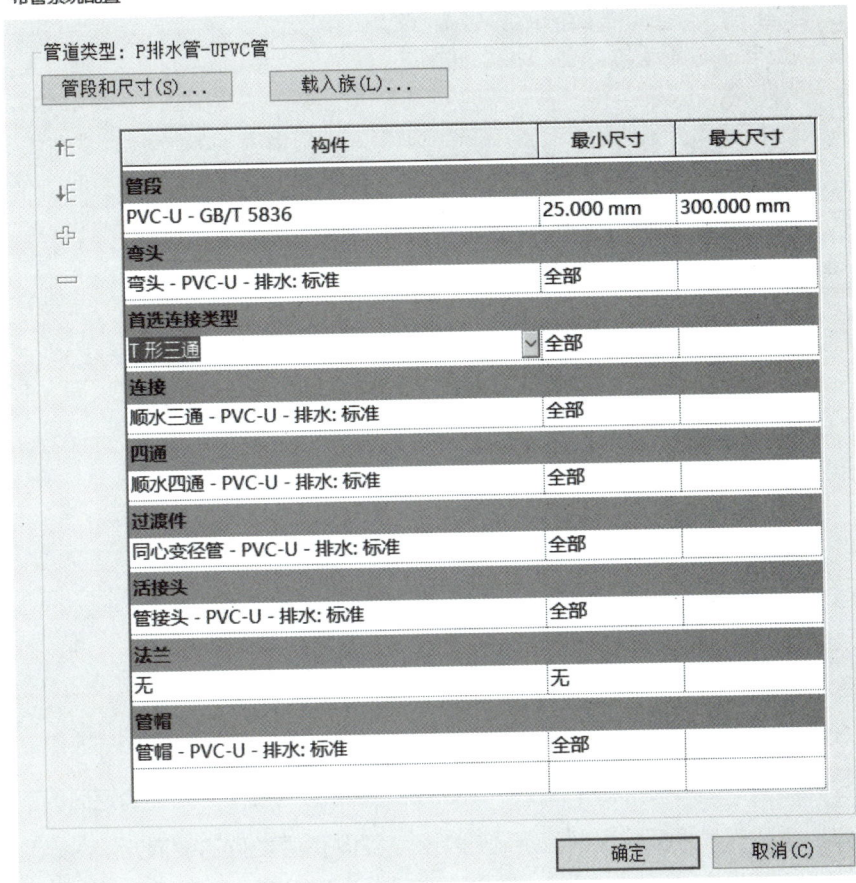

图 2-10　选择合适的管件

2.4.4　设置风管系统类型

风管系统的创建与设置可参照水管系统，内容和方法一致。

（1）风管系统的创建

项目浏览器→族→风管系统→右键单击某一风管系统→复制→重命名。

命名规则：专业代码＋系统缩写＋系统名称。如图 2-11 所示是本食堂项目中需要的风管系统。

（2）编辑各风管系统的类型属性

双击某一风管系统（如：M-PF 排风）→类型属性→图形替换／材质／缩写，如图 2-12 所示。

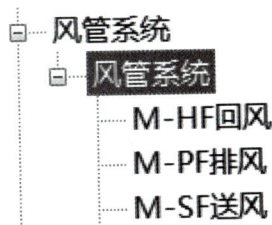

```
风管系统
  风管系统
    M-HF回风
    M-PF排风
    M-SF送风
```

图 2-11　本食堂项目的风管系统

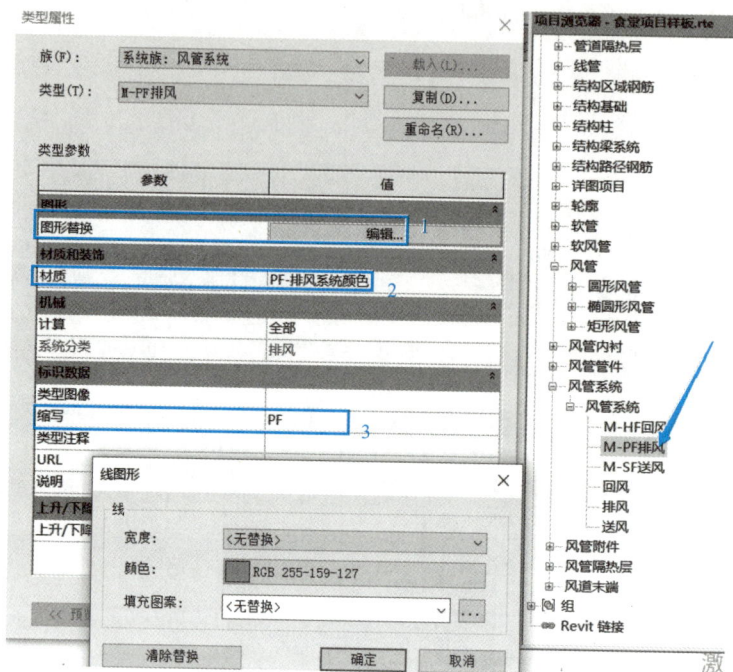

图 2-12　编辑风管系统的类型属性

（3）设置风管类型

风管有矩形、圆形和椭圆形之分。创建风管类型的时候，首先要确定风管的形状，然后在改形状风管下根据材质创建不同的类型。类同管道类型的设置方法，如图 2-13 所示，具体为：

系统→风管→编辑类型→复制→重命名"HF 回风 _ 镀锌钢板"→布管系统配置→编辑→风管尺寸→新增（或选择）材质→新建尺寸→载入族→选择→选择合适的风管管件。

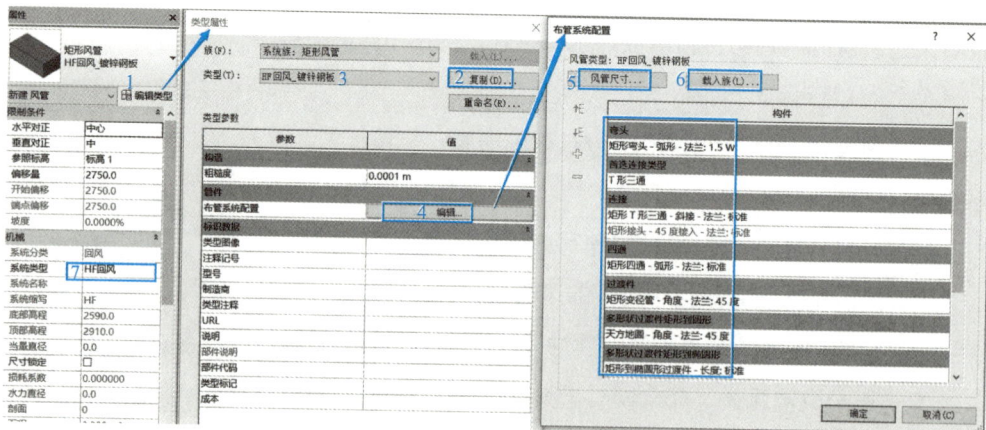

图 2-13　设置风管类型

2.4.5 设置管道（风管）显示属性

在一个项目的各专业中，管线比较复杂，通常采用不同颜色加以区分。可以通过"过滤器"方式来设置管道系统的颜色。

（1）新建过滤器并定义条件

视图→过滤器（或快捷键"VV"→过滤器）→新建→名称：给水（图2-14）→过滤器规则设置（图2-15，管道列表5类、过滤条件）。

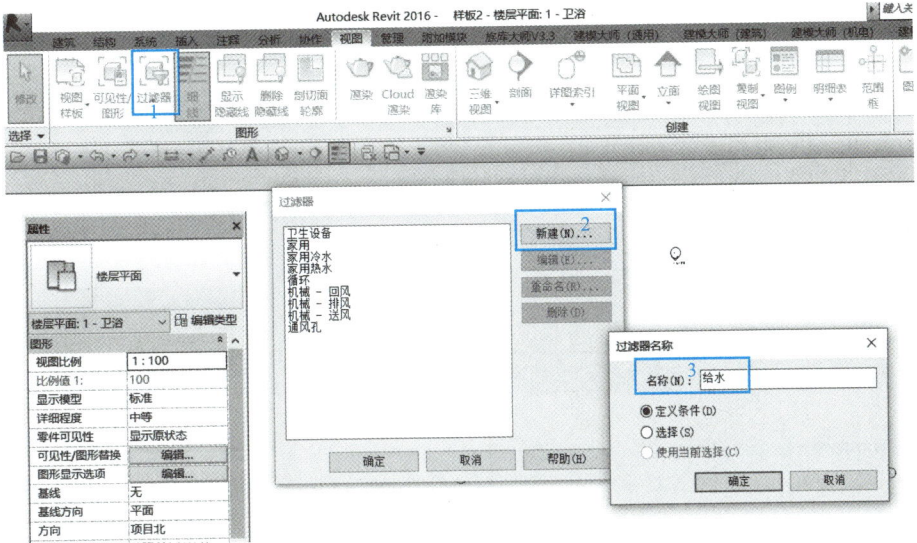

图2-14　新建过滤器名称

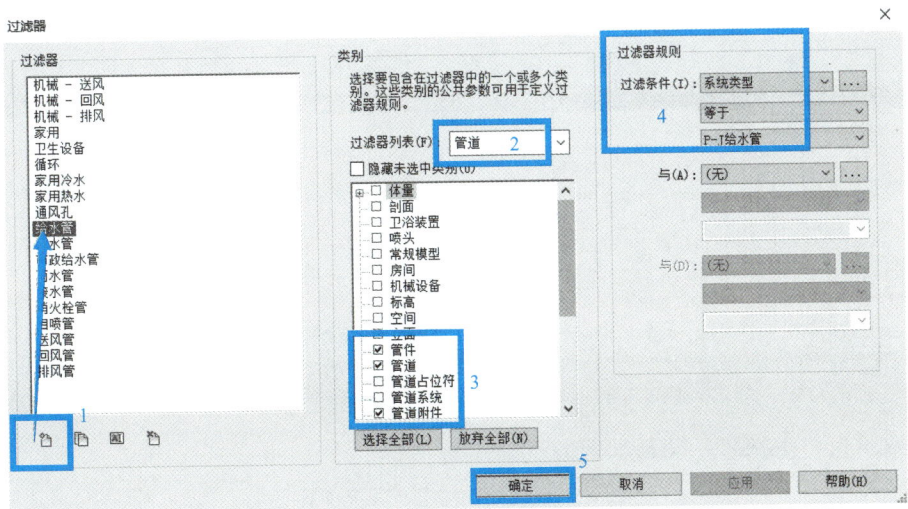

图2-15　过滤器规则设置

（2）添加过滤器

快捷键"VV"→添加（图2-16）→给水→填充图案（图2-17）→绿色/实体填充→可见性设置（图2-18）。

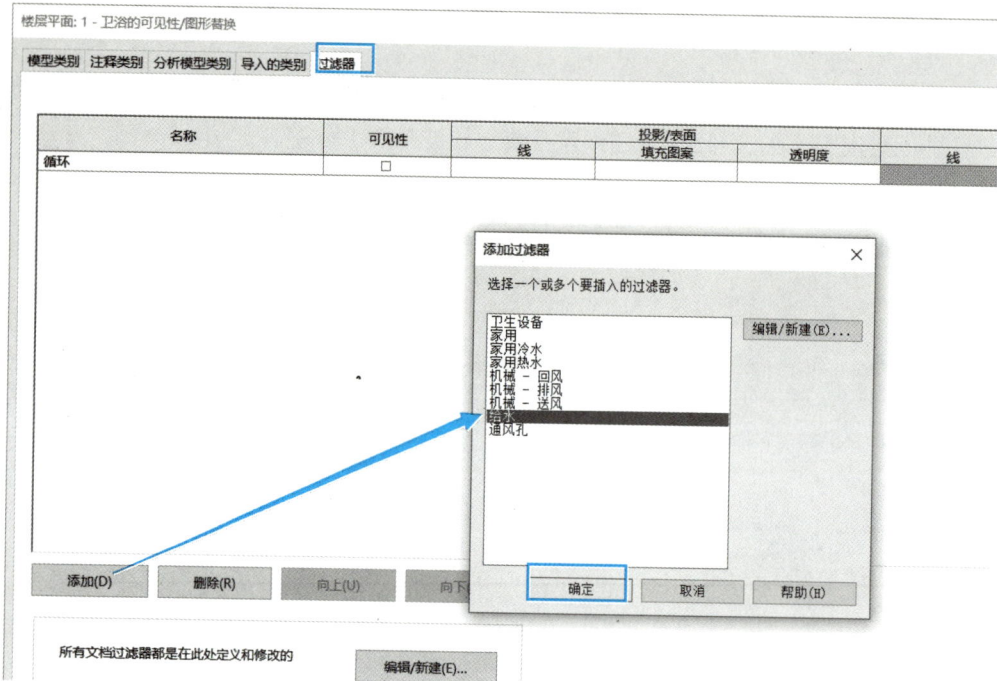

图2-16　添加过滤器

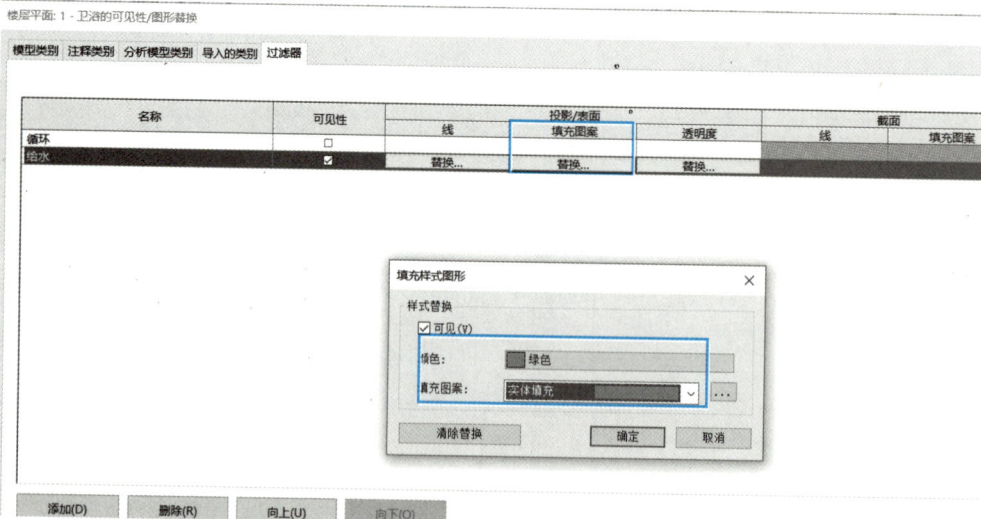

图2-17　设置给水管的填充图案

BIM 机电建模与应用

模型类别 注释类别 分析模型类别 导入的类别 过滤器

名称	可见性	投影/表面			截面		半色调
		线	填充图案	透明度	线	填充图案	
循环	☐						☐
J给水管	☑						☐
P排水管	☑						☐
XH消火栓系统	☑						☐
ZP自动喷淋系统	☑						☐
RJ热水给水	☑						☐
RH热水回水	☑	替换...		替换...			☐

图 2-18　此项目所有管道（风管）的可见性设置

2.4.6　设置视图样板

过滤器是基于视图的设置，为了方便模型显示，要在其他视图中应用该过滤器，可使用"视图样板"的功能，将过滤器传递到其他视图。

（1）新建视图样板（图 2-19）

视图→视图样板→从当前视图创建样板→样板名称为"给排水颜色 - 项目"→只勾选"V/G 替换过滤器"。

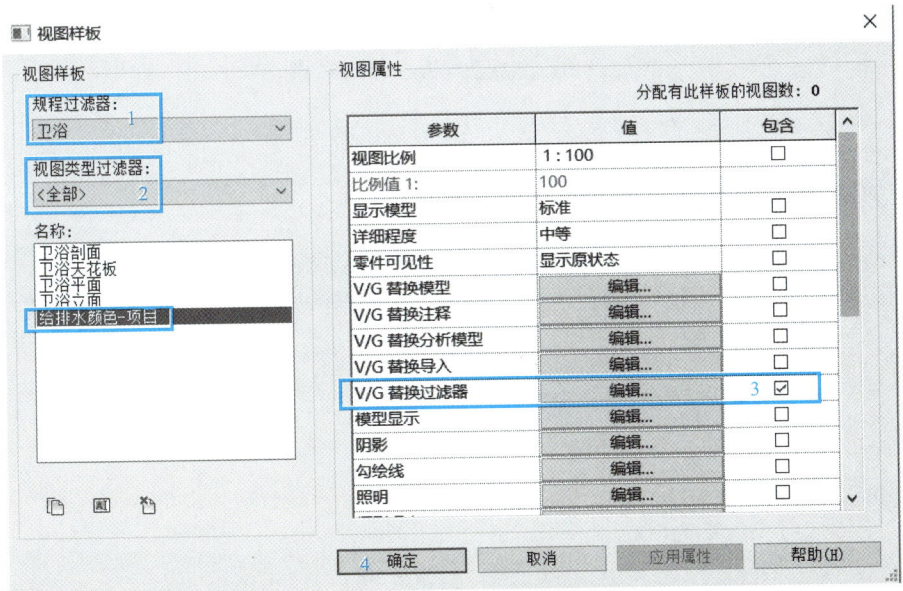

图 2-19　新建视图样板

（2）将视图样板应用于其他视图（图 2-20）

切换另一个视图（如三维视图）→将样板属性应用于当前视图→选择视图样板名称。

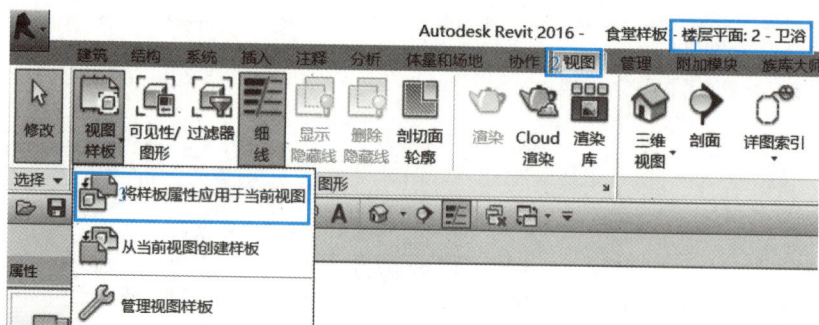

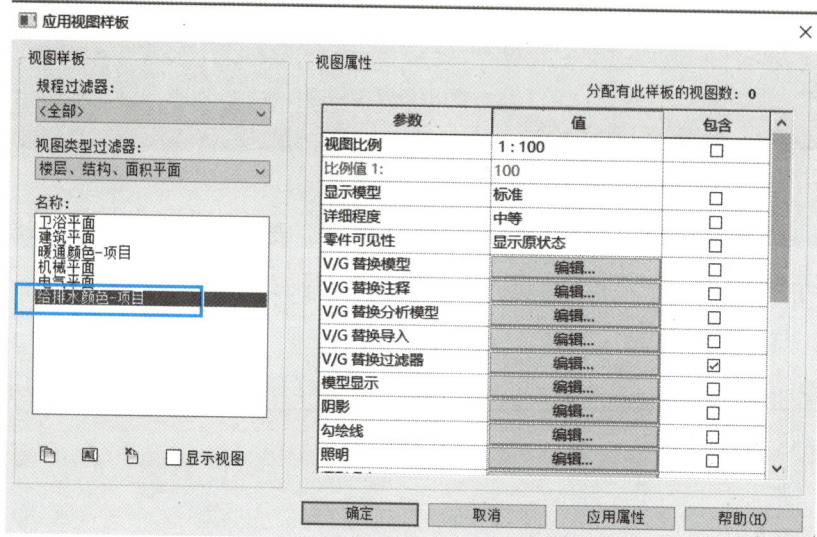

图 2-20　将视图样板应用于其他视图

2.4.7　构件族整理

在项目开始前，要整理项目中需要的族，并将准备好的设备族载入样板文件中。如图 2-21 所示。

插入→载入族→族库路径→全选→打开。

2.4.8　标高和轴网

方法 1：链接 CAD 图纸方式

立面→标高编辑和修改。

平面→链接 CAD →选择图纸路径→勾选"仅当前视图"，导入单位："毫米"，定位："自动 - 原点到原点"（图 2-22）→轴网→拾取线（图 2-23）→编辑轴网属性。

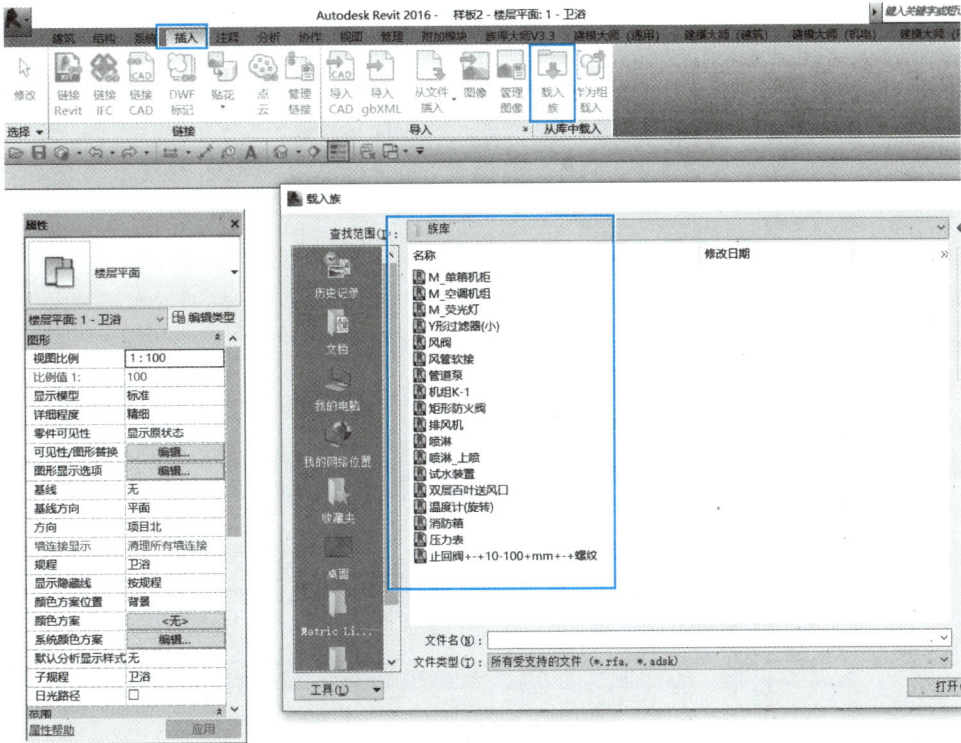

图 2-21　载入相关族

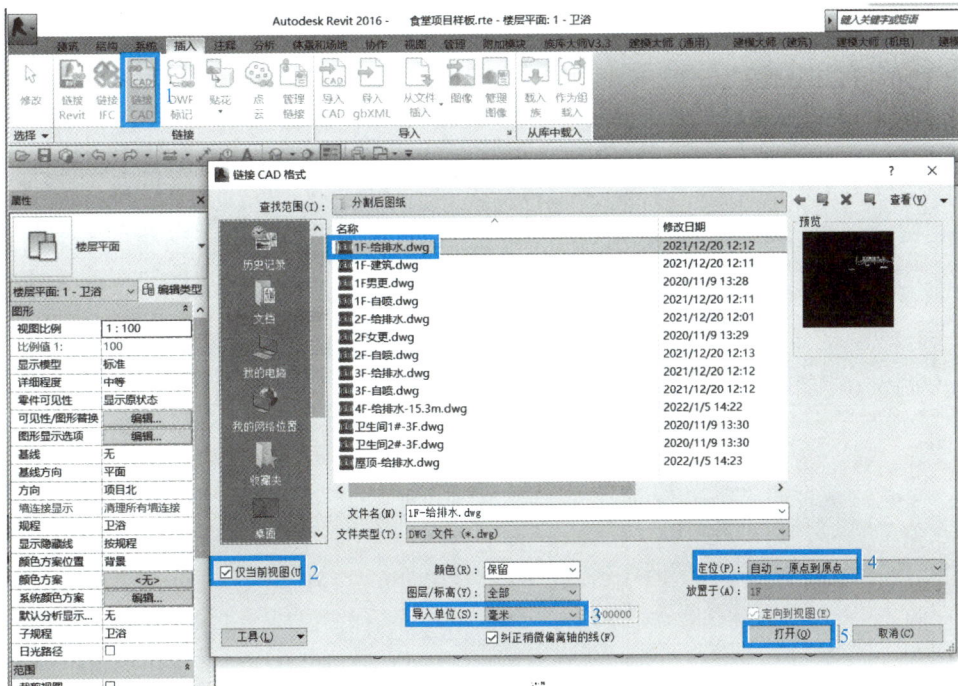

图 2-22　链接 CAD 图纸

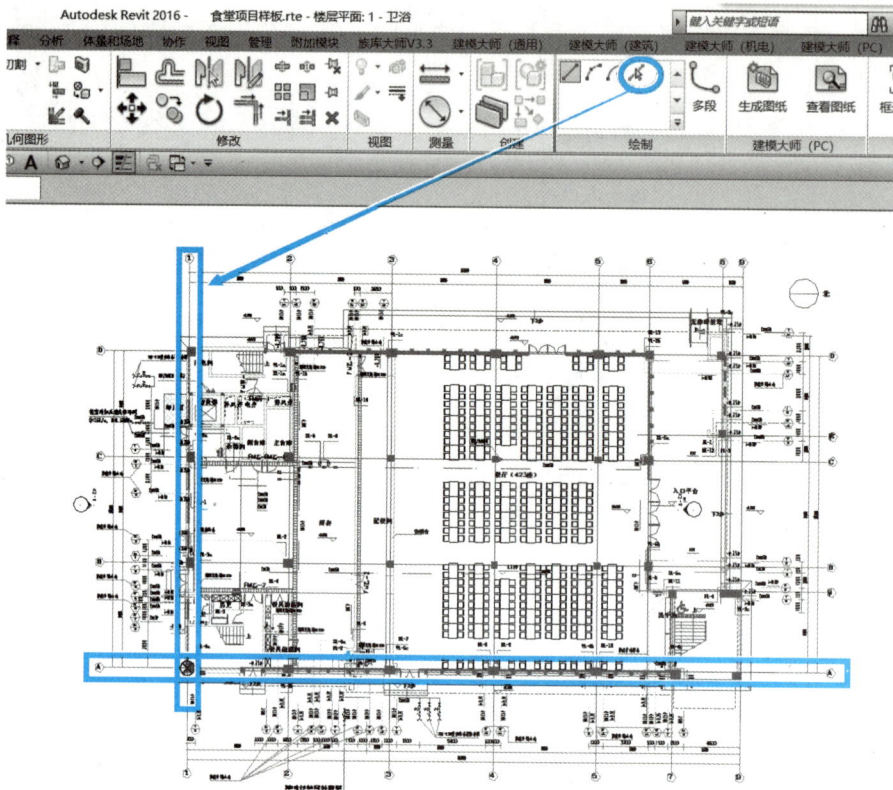

图2-23　拾取图纸中的轴网线来建图纸

方法2：复制/监视方式

① 链接建筑模型（图2-24）

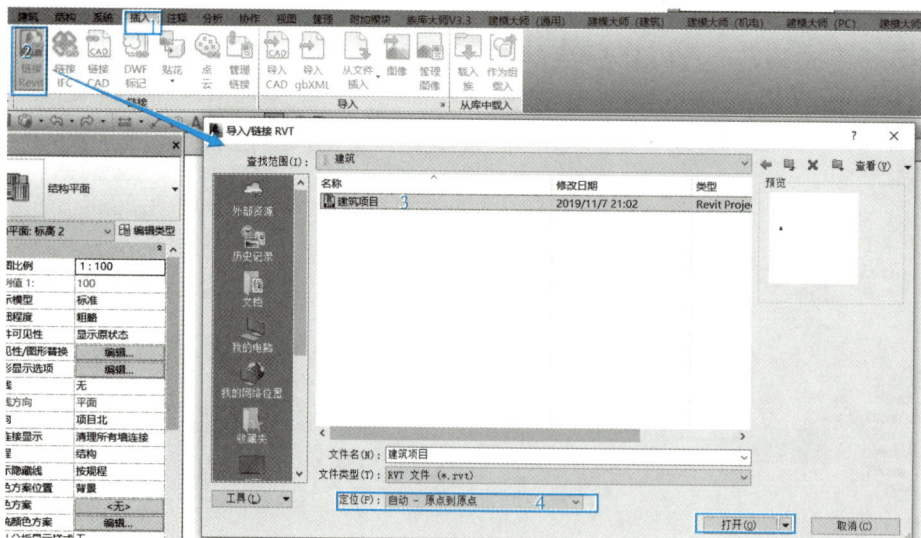

图2-24　链接建筑模型

　　　　　　　　　　　　　　　　　　　　　BIM 机电建模与应用

插入→链接 Revit →选择建筑模型路径→定位：自动 - 原点到原点。

② 选择链接（图 2-25）

协作→复制 / 监视→选择链接。

③ 复制标高 / 轴网（图 2-26）

复制→勾选"多个"→选中要复制的标高 / 轴网→完成→完成。

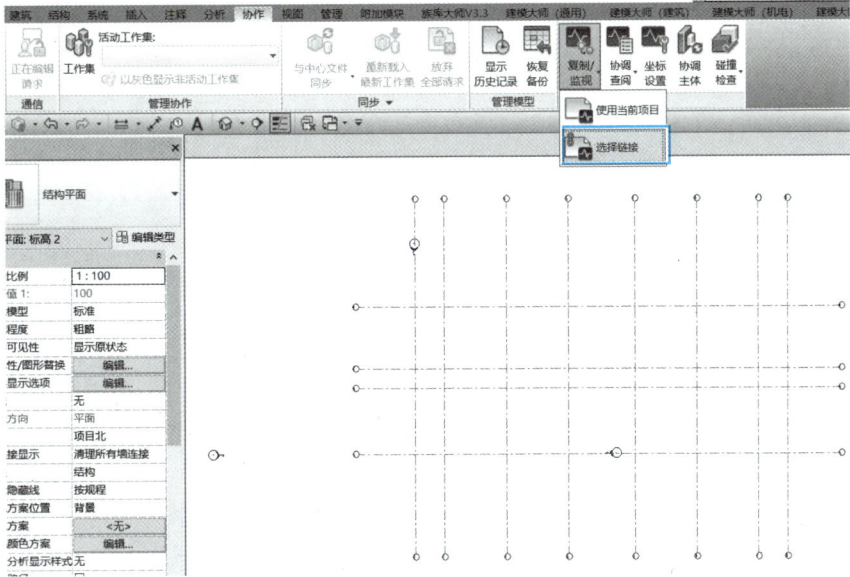

图 2-25　选择链接

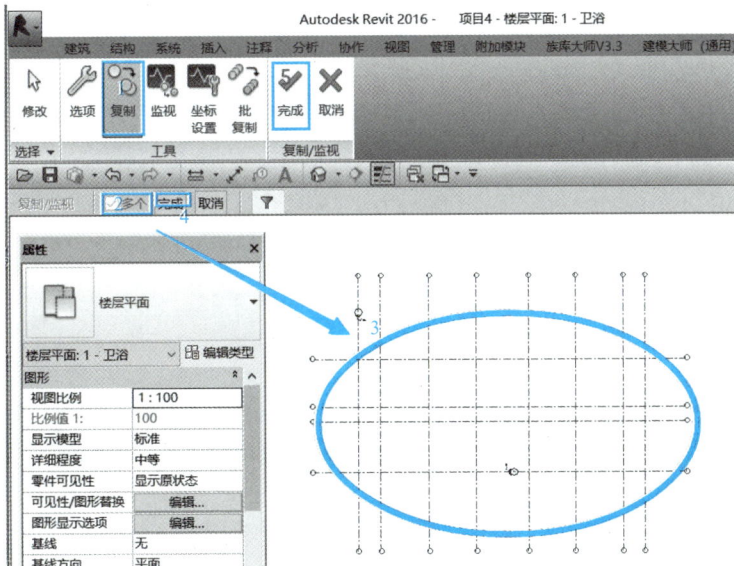

图 2-26　复制标高 / 轴网

2.5 拓展练习

1. 写出六项机电工程模型中包含的系统，以"模型系统列举 + 考生姓名 . txt"保存到考生文件夹 [2020 年第三期 1+X（BIM）职业技能等级考试中级建筑设备方向试题]。

2. 设置照明线管为红色管线，并用红色实体填充 [2020 年第五期 1+X（BIM）职业技能等级考试中级建筑设备方向试题]。

任务 3

给排水系统模型的绘制

3.1 任务说明

按照食堂施工图，选择相应的给排水系统、给排水管道的类型，添加阀门等管路附件。掌握管道、立管的绘制方法，完成管道坡度的设置和绘制，最后完成整个给排水模型的绘制。

微课视频
3.1

3.2 任务分析

（1）给水管道和排水管道的管道类型的选择；
（2）管道的绘制；
（3）立管的画法；
（4）管道坡度的设置及绘制；
（5）截止阀等管道附件的添加。

微课视频
3.2

3.3 给排水系统基础知识

室内给水系统的组成：
室内给水系统主要由引入管、水表节点、室内管道、给水附件及升压和储水设备等组成。

（1）引入管：从室外给水管网引至建筑物内的管段，又称进户管，一般采用埋地暗敷设。从供水的可靠性和配水平衡性等方面考虑，引入管应从建筑物用水量最大处和不允许断水处引入。

（2）水表节点：为了计量室内给水系统总的用水量，安装在引入管上的水表及其前后设置的阀门、泄水装置的总称，包括水表及其前后的阀门、泄水装置及旁通管。

（3）室内管道：包括水平干管、立管、支管（水平支管、立支管）等。

（4）给水附件：包括配水附件（如各式水龙头、消防栓及喷头等）和调节附件（如各类阀门，包括截止阀、闸阀、止回阀等）。

（5）升压和储水设备：包括水泵、水箱、水池和水塔等。

室外排水系统的组成：

室外排水系统主要由卫生器具、排水支管、排水干管、排水立管、排出管和通气管等组成。

（1）卫生器具：包括洗脸盆、浴盆、大小便器、污水池等。

（2）排水支管：指由卫生器具排出口至排水干管的管段。在卫生器具的排出口处应设存水弯，起水封作用，一般有 P 形、S 形两种。

（3）排水干管：也称排水横管，用于收集支管的污水，并输送到立管中。

（4）排水立管：用于收集各干管的污水，然后将这些水送入排出管。

（5）排出管：室外排水管与排水立管相接的弯头，采用出户大弯，不得用 90°弯头代替。

（6）通气管：用于维持排水系统内气压稳定，防止卫生器具水封破坏，同时将污染空气排放。

3.4 任务实施

3.4.1 绘制给排水干管和立管

（1）新建项目并保存文件（图 3-1）

打开 Revit 软件，新建→项目→选择"食堂项目样板 . rte"→确定→保存"食堂项目 – 给排水"。

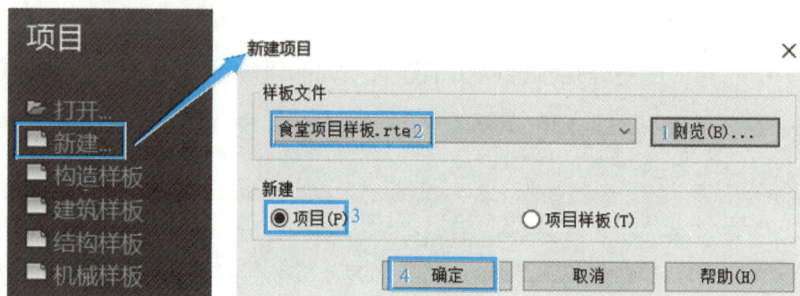

图 3-1　新建项目

（2）导入 CAD 图纸（图 3-2）

进入"1F-给排水"卫浴楼层平面视图→插入→链接 CAD →选择"1F-给排水"图纸→勾选"仅当前视图"，导入单位："毫米"，定位："自动–中心到中心"→将 CAD 底图与项目轴网对齐→锁定 CAD 底图。

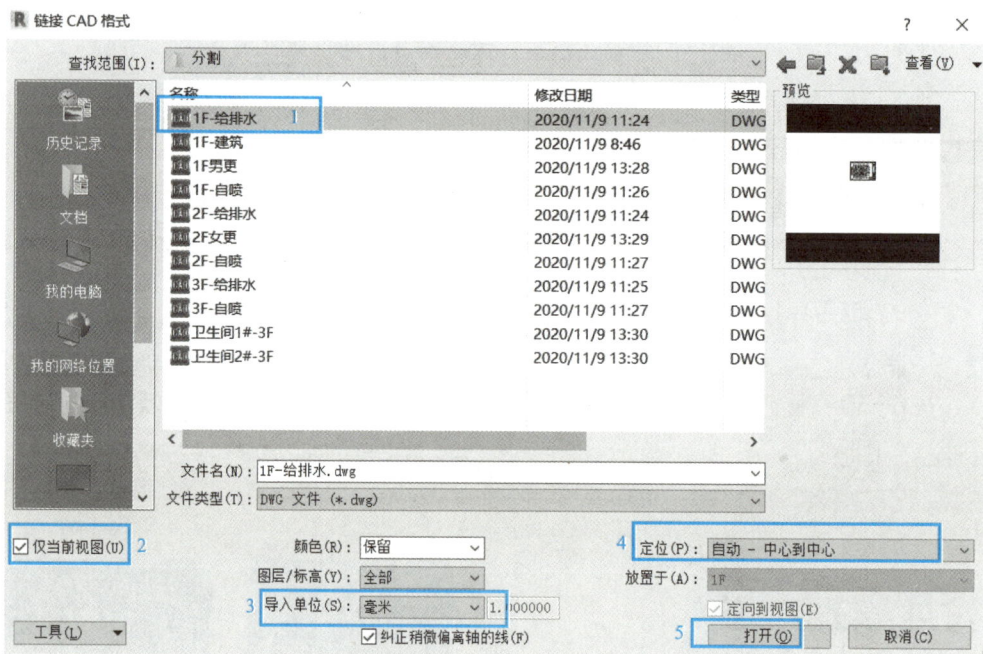

图 3-2　导入 CAD 图纸

（3）绘制给水水平干管（图 3-3）

系统→卫浴和管道→管道→选择管道类型为"J 给水–衬塑热镀锌钢管"→直径：70mm →偏移量：–750mm →选择系统类型为"P-J 给水管"→放置工具设置（自动连接、继承高程）。

【注意】：系统类型应选择与管道用途对应的管道系统。

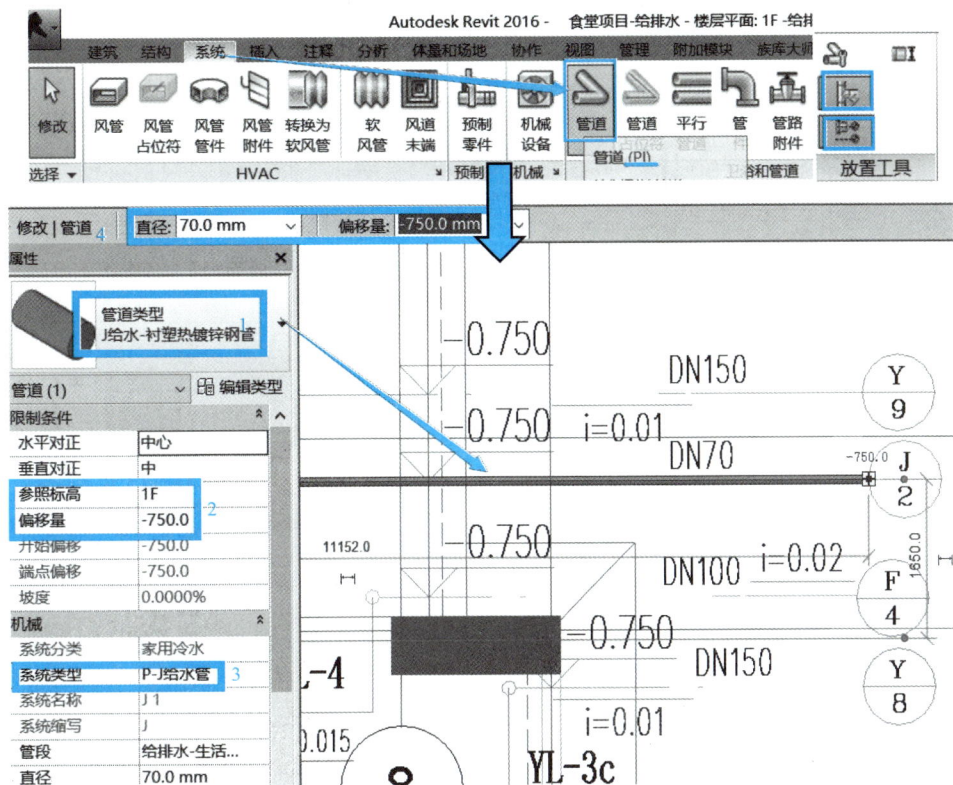

图 3-3　绘制给水水平干管

（4）绘制给水立管（图 3-4）

系统→管道→选择管道类型为"J 给水－衬塑热镀锌钢管"→选择系统类型为"P-J 给水管"→直径：70mm →偏移量：-750mm →偏移量：4000mm →点击两次"应用"。

（5）绘制排水水平干管（图 3-5）

系统→卫浴和管道→管道→选择管道类型为"W 污水管 -PVC-U"→直径：150mm →偏移量：-750mm →选择系统类型为"P-W 生活污水管"→坡度 0.01 →放置工具设置（自动连接、继承高程）。

【注意】：因为排水管有坡度，如果需要从排水管道的任意某处绘制另一根与之相连的排水管，需开启【继承高程】的按钮。

（6）绘制排水立管（图 3-6）

系统→卫浴和管道→管道→选择管道类型为"W 污水管 -PVC-U"→直径：150mm →偏移量：-706.8mm →偏移量：4600mm →点击两次"应用"。

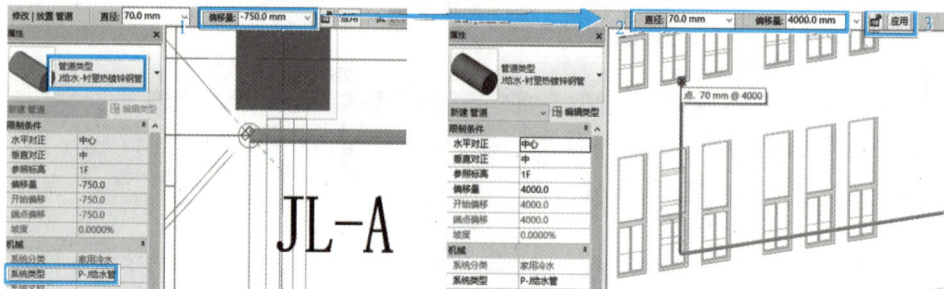

图 3-4　绘制给水立管

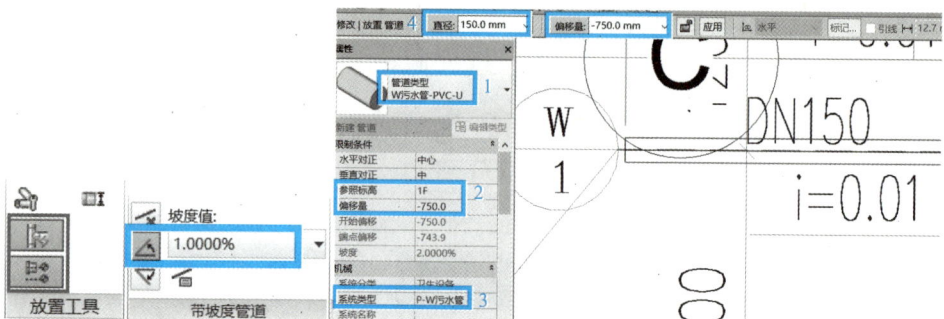

图 3-5　绘制排水水平干管

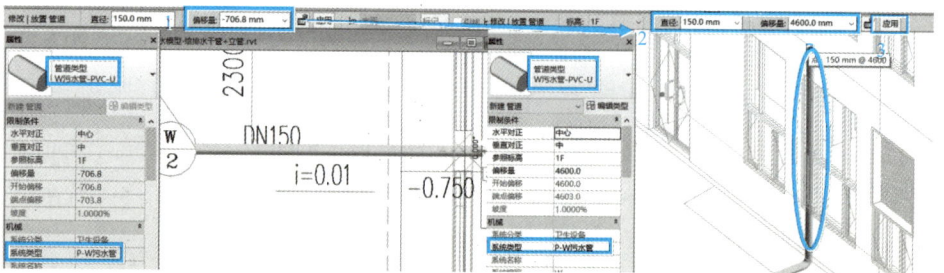

图 3-6　绘制排水立管

3.4.2　绘制卫生间

（1）卫浴装置的载入（图 3-7）

系统→卫浴装置→载入族→机电→卫生器具→蹲便器 / 大便器 / 洗脸盆→结合项目选择合适的即可。

（2）地漏 / 清扫口的载入（图 3-8）

系统→管路附件→载入族→机电→给排水附件→地漏 / 清扫口→结合项目选择合

适的地漏 / 清扫口型号即可。

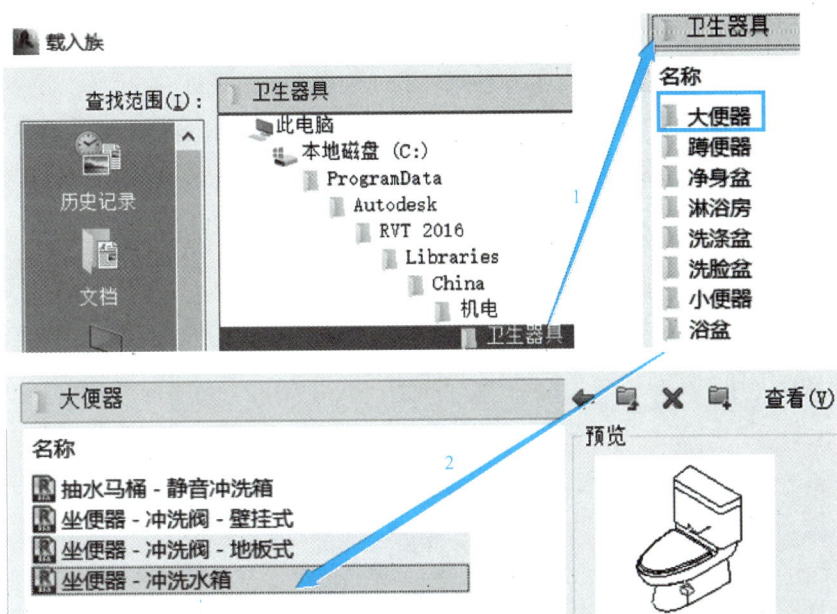

图 3-7　卫浴装置的载入

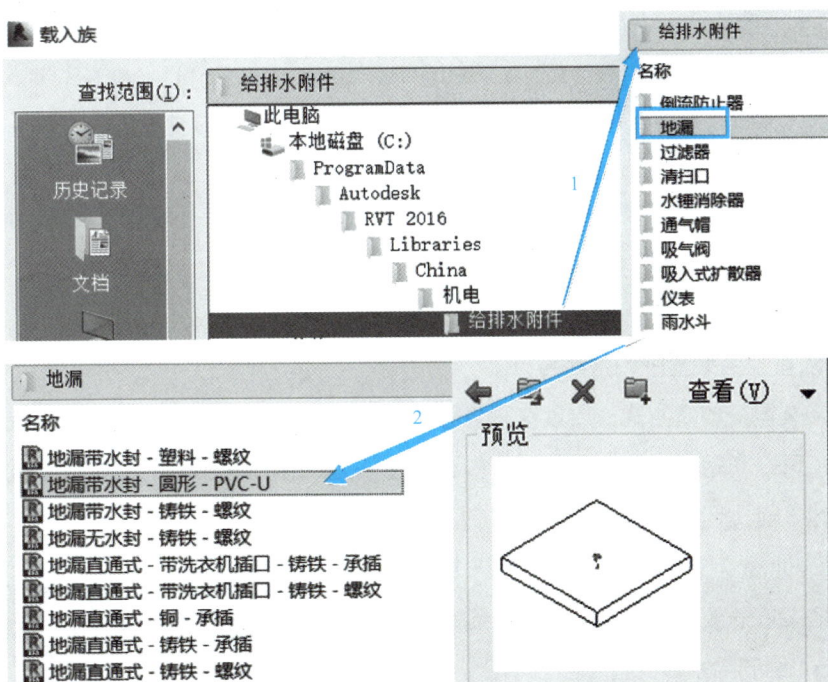

图 3-8　地漏的载入

（3）卫生间 CAD 大样图的载入（同 3.4.1 方法）

进入"1F- 给排水"卫浴楼层平面视图→插入→链接 CAD →选择"1F 男更衣间大样平面图"→勾选"仅当前视图"，导入单位："毫米"，定位："自动 - 中心到中心"→将 CAD 底图与项目①⑧轴网对齐→锁定 CAD 底图。

【注意】：导入 CAD 大样图之前先看看其比例是否与轴网的比例一致，如果不是一致的，可以选中导入的 CAD 底图后，在类型属性对话框中修改比例系数。

（4）卫浴装置的放置（图 3-9、图 3-10）

① 卫浴装置的水平放置方式

卫浴装置有三种放置方式（放置在垂直面上、放置在面上、放置在工作平面上）（图 3-9）。

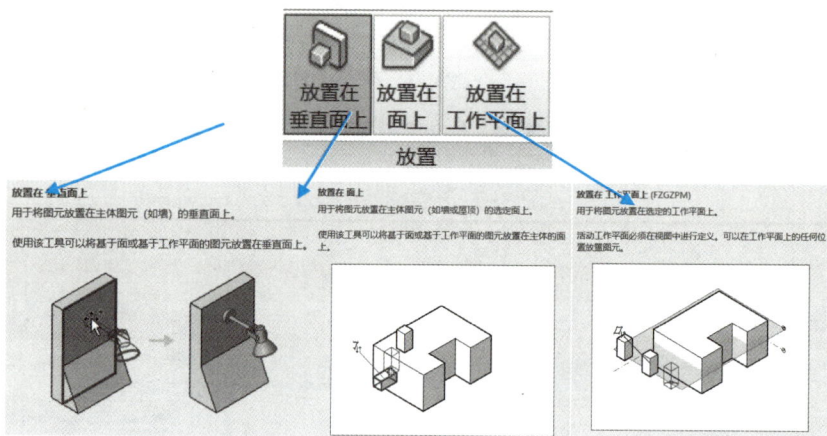

图 3-9　卫浴装置的三种放置

【注意】：蹲便器 / 大便器 / 洗脸盆均为基于墙的族，所以选择第一种，即"放置在垂直面上"的方式即可。

② 放置卫浴装置并调整高度

卫浴装置→放置方式：放置在垂直面上→结合底图位置放置→调整卫浴装置的平面位置（可以利用对齐命令调整位置，利用空格键调整方向）→调整卫浴装置的立面高度（图 3-10）。

（5）地漏 / 清扫口的放置（图 3-11）

卫浴装置→放置在工作平面上→结合底图位置放置。

（6）绘制给水横支管（图 3-12）

结合"男更衣间一层给水系统图"，系统→管道→管道类型为"J 给水 -PPR 管"→直径：32mm →偏移量：250mm →系统类型为"J 给水管"→修改管径：25mm/15mm。

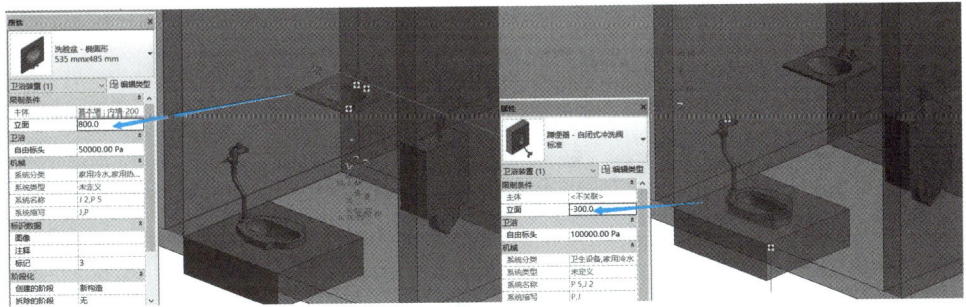

图 3-10 调整卫浴装置的立面高度

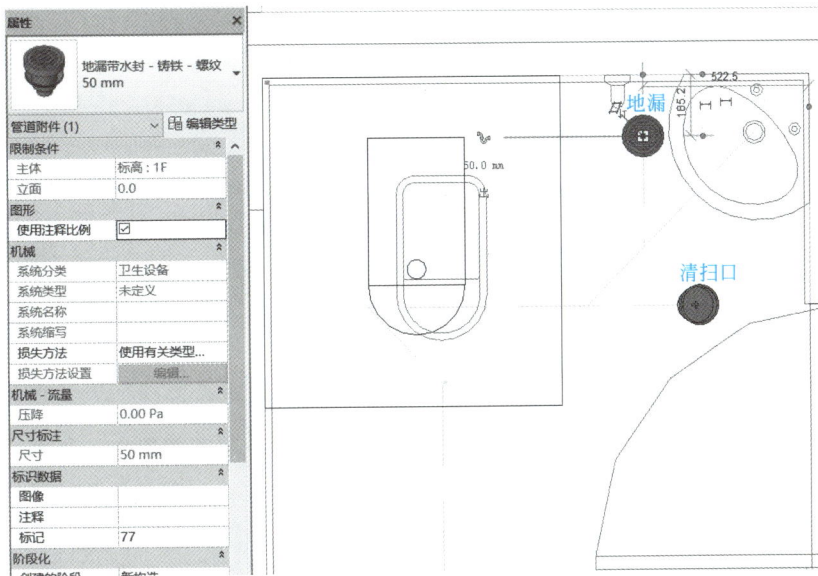

图 3-11 地漏 / 清扫口的放置

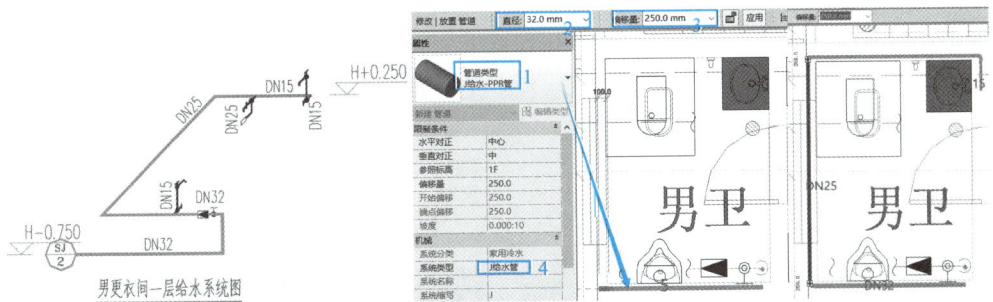

图 3-12 绘制给水横支管

（7）绘制排水横支管（图 3-13）

结合"男更衣间一层排水系统图"，系统→管道→管道类型为"P 排水管 -UPVC

管"→直径：100mm→偏移量：-650mm→系统类型为"P 排水管"→设置向下坡度值：0.300：10→修改管径：75mm。

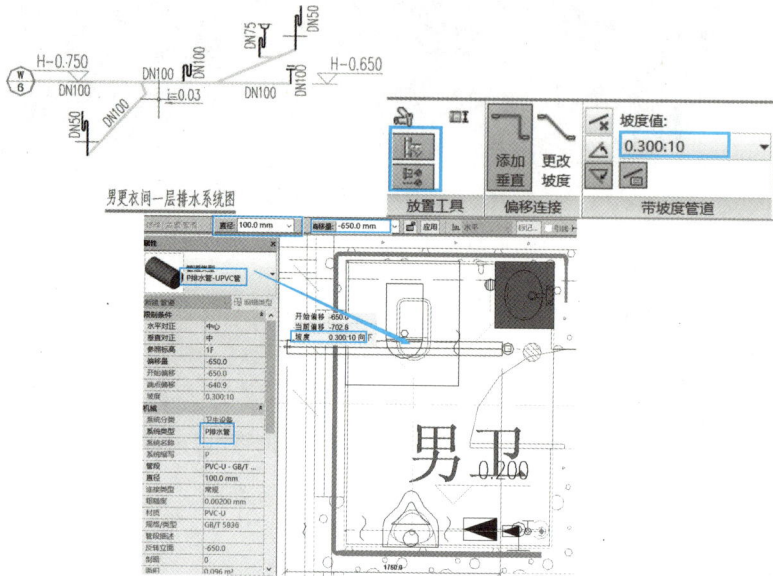

图 3-13　绘制排水横支管

【注意】：　如果出现如图 3-14 所示的警告，那么可能是视图范围不对，因为排水管的高度位置在 1F 偏移 -650mm，而 Revit 默认的楼层平面的视图范围为"相关标高（1F）、偏移量：0.0"，如图 3-15（a）所示，因此可以将视图范围的底调整为"相关标高（1F）、偏移量：-800.0"，如图 3-15（b）所示。

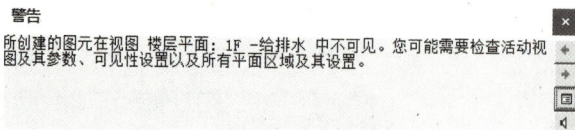

图 3-14　排水管不可见警告

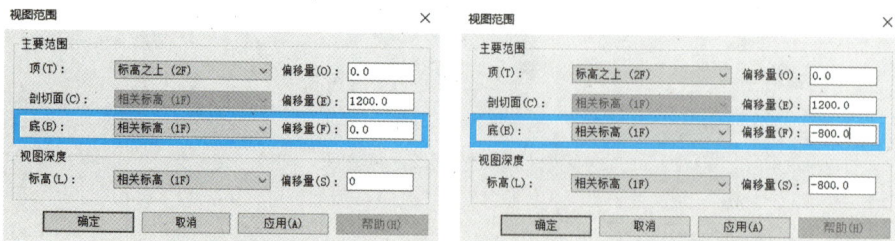

(a) 视图范围调整前　　　　　　　　　　　(b) 视图范围调整后

图 3-15　楼层平面的视图范围

（8）连接卫浴装置与给水横支管（图3-16）

单击洗脸盆→连接到→连接件1→单击给水横支管。

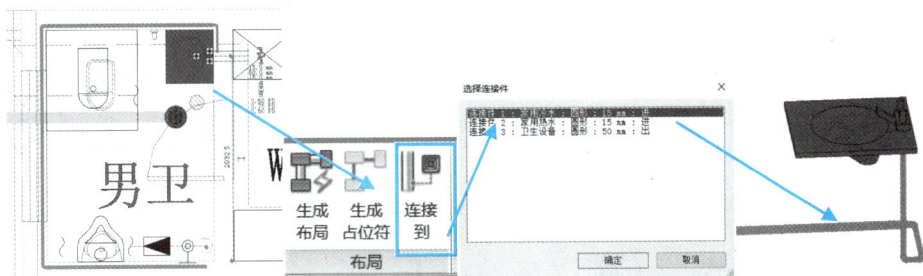

图3-16 连接卫浴装置与给水横支管

【注意】： 如果出现如图3-17所示的错误提示，可以稍微移动管道，让管道和卫浴装置更好地连接，不一定非得严格按照底图。

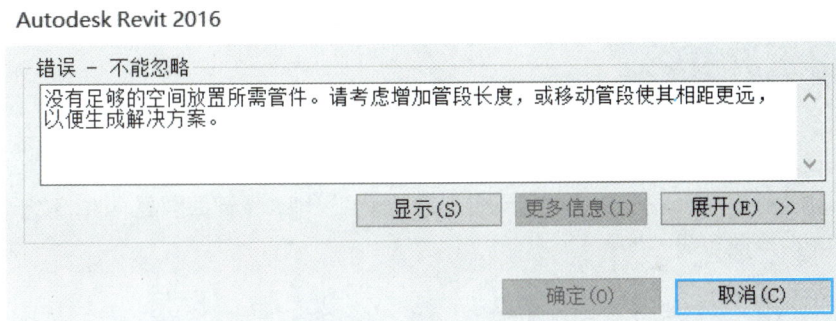

图3-17 没有足够空间放置所需管件的错误提示

同理操作小便器、蹲便器等卫浴装置或地漏、检查口与给水横支管、排水管的连接，最终的给排水系统模型如图3-18所示。

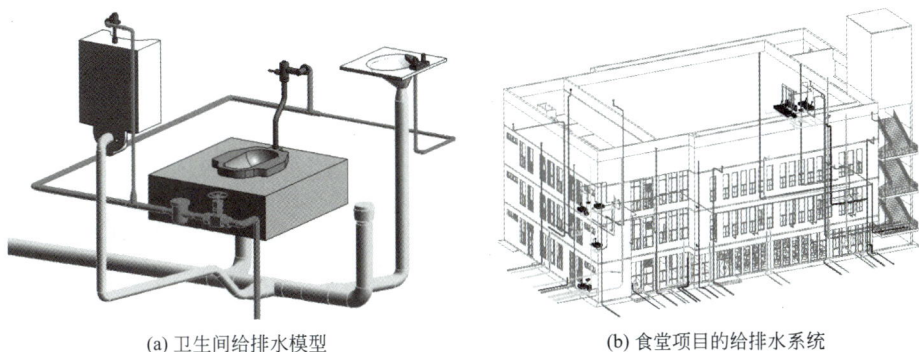

(a) 卫生间给排水模型　　　　　(b) 食堂项目的给排水系统

图3-18 给排水系统模型

3.4.3　添加阀门、水表等管路附件

系统→管路附件→水表/截止阀→直接放置在给水管上，变成匹配的颜色（绿色）即说明成功，如图 3-19 所示。

图 3-19　添加阀门、水表等管路附件

3.5　拓展练习

根据如图 3-20～图 3-22 所示图纸创建建筑模型，建筑每层高 4m，位于首层，

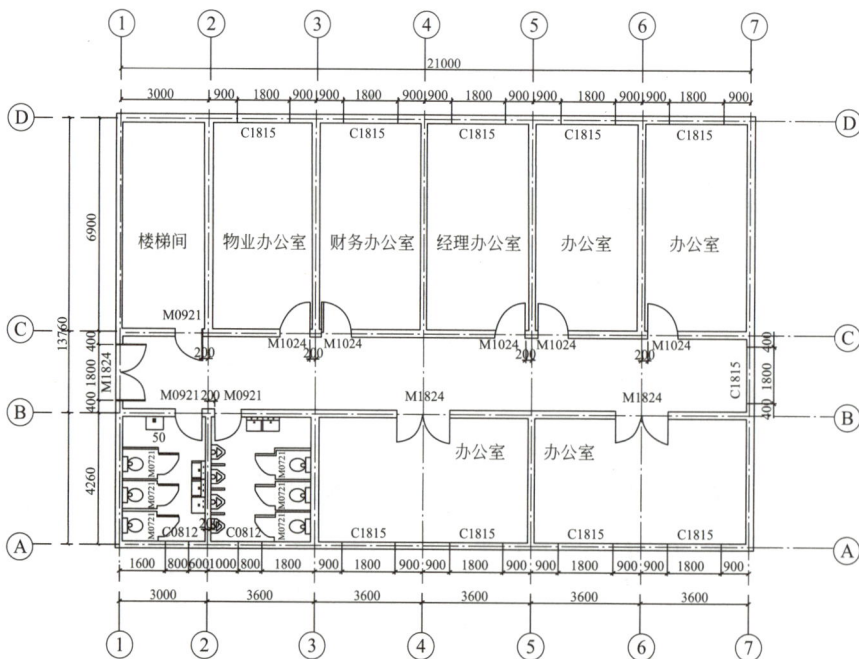

图 3-20　首层平面图

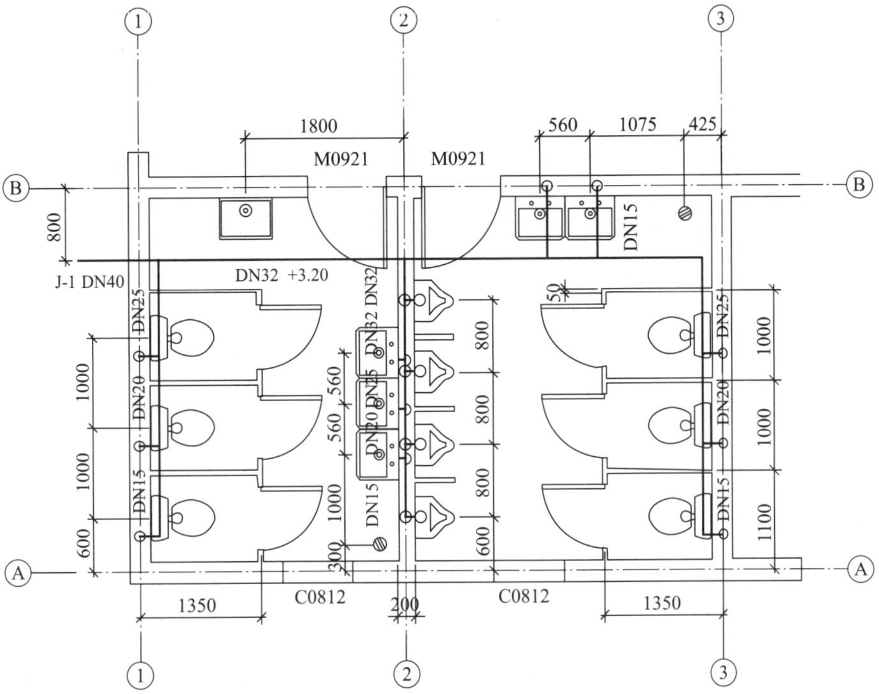

图 3-21 卫生间给水详图

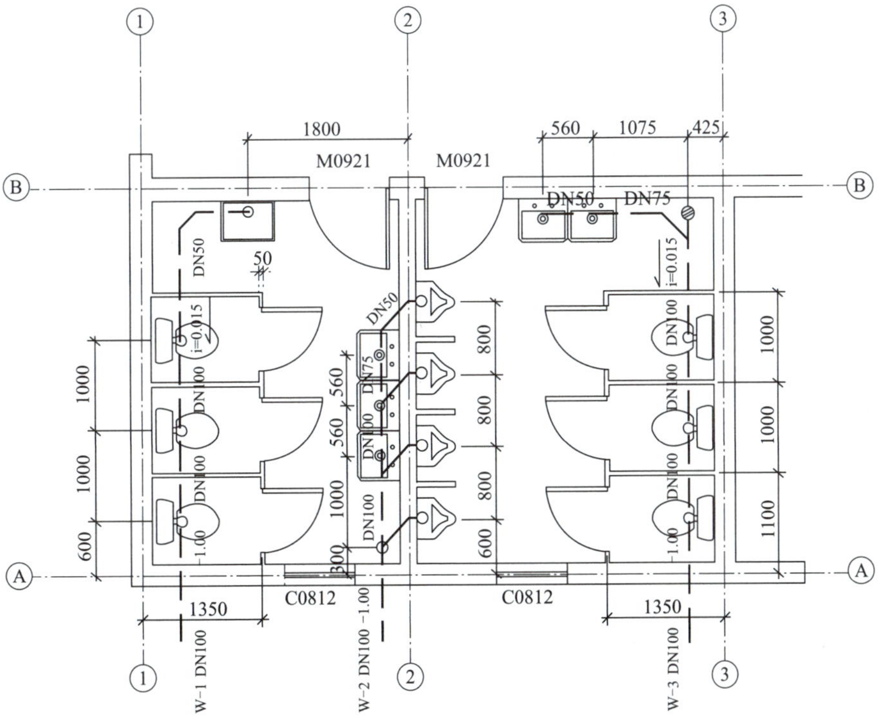

图 3-22 卫生间排水详图

建筑模型包括轴网、墙体、门、窗等相关构件。其中未注明的墙厚均为 240mm，窗距地面 900mm，要求尺寸和位置准确。创建视图名称为"首层卫生间详图"，要求布置坐便器、小便斗、洗手盆、拖布池、地漏和隔板，洁具型号自定义，位置摆放合理，将洁具和管道进行连接，管道尺寸及高程按图 3-20 ~ 图 3-22 中要求 [2019 年第一期 1+X（BIM）职业技能等级考试初级实操试题]。

任务 4

消防系统模型的绘制

4.1　任务说明

　　按照食堂给排水施工图，选择相应的消火栓系统、消火栓管道的类型，添加阀门等管路附件。掌握管道、立管的绘制方法，添加消火栓箱，最后完成整个消火栓系统模型的绘制。

　　按照食堂自动喷淋施工图，选择相应的喷淋系统、自动喷淋管道的类型，添加阀门等管路附件。掌握管道、立管的绘制方法，添加喷头，最后完成整个喷淋系统模型的绘制。

微课视频
4.1

4.2　任务分析

消火栓系统模型任务分析：

（1）消防管的绘制；

（2）消火栓箱的放置；

（3）截止阀的放置。

喷淋系统模型任务分析：

（1）喷淋管道的选择和绘制；

（2）添加阀门、报警器、防水套管等管路附件；

（3）添加喷头；

（4）其他管道的绘制（先绘制支管和喷头再绘制干管）。

4.3 消防系统基础知识

室内消火栓灭火系统通常由消防水源（市政给水管网、天然水源、消防水池）、消防给水设备（消防水箱、消防水泵、水泵接合器）、室内消防给水管网（进水管、水平干管、消防立管等）和室内消火栓（水枪、水带、消火栓等）四部分组成。

自动喷水灭火系统是指由洒水喷头、报警阀组、水流报警装置（水流指示器及压力开关）等组件，以及管道、供水设施组成，并能在发生火灾时喷水的自动灭火系统。

自动喷水灭火系统按喷头开、闭形式可分为闭式和开式，其中闭式主要指湿式、干式和预作用自动灭火系统；开式主要指雨淋喷水、水幕和水喷雾灭火系统。

4.4 任务实施

4.4.1 绘制消火栓管道

（1）新建项目并保存文件

打开 Revit 软件，新建→项目→选择"食堂项目样板 . rte"→确定→保存"食堂项目 - 消防 + 自动喷淋 . rvt"。

（2）导入 CAD 图纸（图 4-1）

进入"1F- 给排水"卫浴楼层平面视图→插入→链接 CAD →选择"1F- 给排水"图纸→勾选"仅当前视图"，导入单位："毫米"，定位："自动 - 中心到中心"→将 CAD 底图与项目轴网对齐→锁定 CAD 底图。

（3）绘制消火栓管道（图 4-2）

系统→管道→选择管道类型为"XH 消火栓系统 - 钢管"→选择系统类型为"XH 消火栓系统"→直径：150mm →偏移量：-750mm。

其他立管、支管的绘制方法同生活给水管。

（4）添加管径

在绘制过程中，如果在现有的消火栓管道的布管系统配置中没有图纸中对应的管

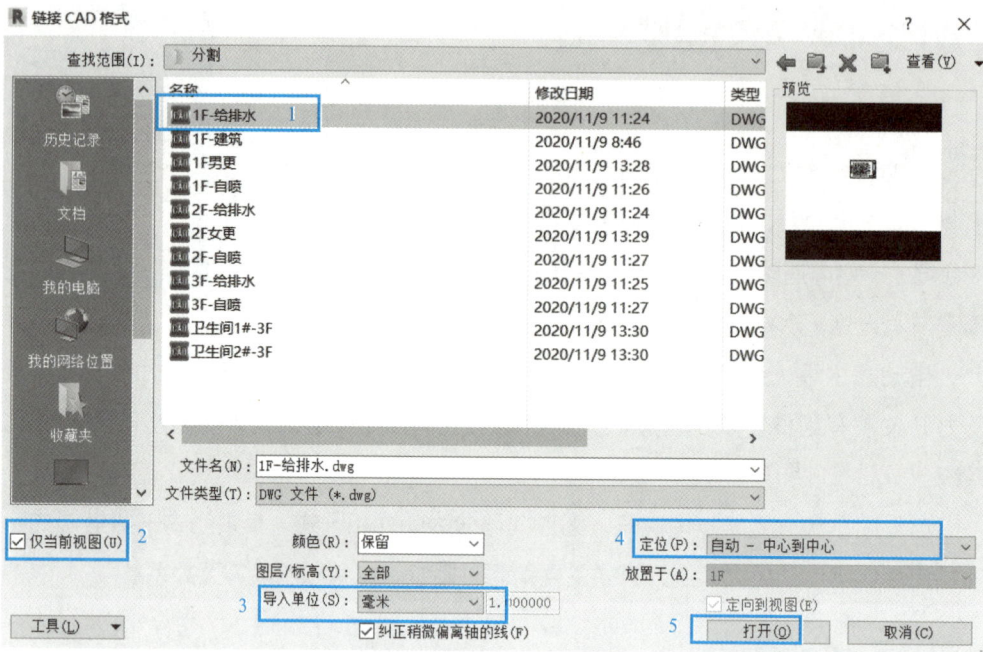

图 4-1　导入 CAD 图纸

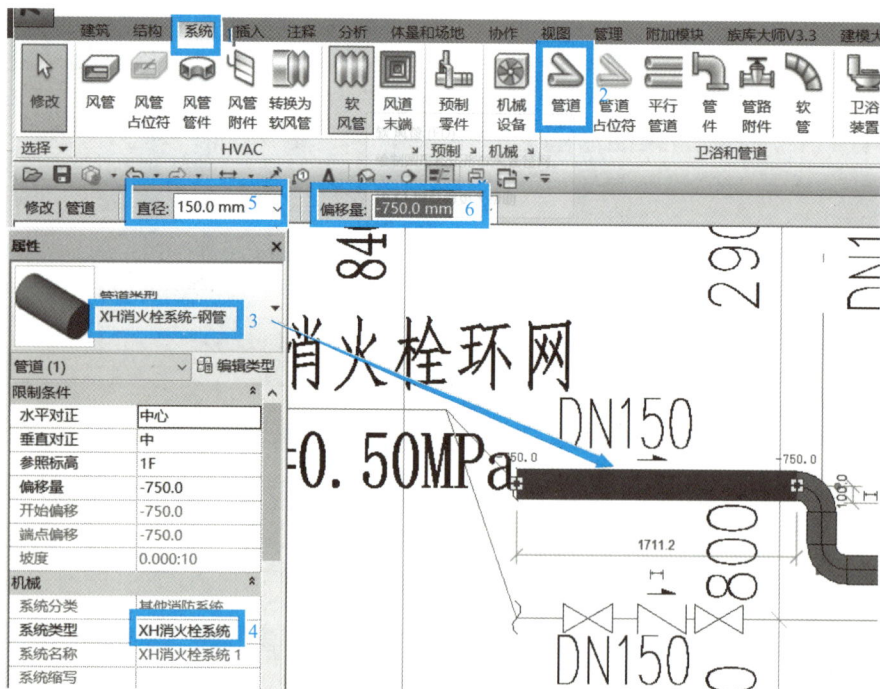

图 4-2　绘制消火栓管道

径（图 4-3），可以先添加此种管径再绘制。

具体方法为：管道类型为"XH 消火栓系统－钢管"→编辑类型→布管系统

配置编辑→管道和尺寸→管段："消火栓管－镀锌钢管"→新建尺寸→公称直径：70mm，如图 4-4 所示。

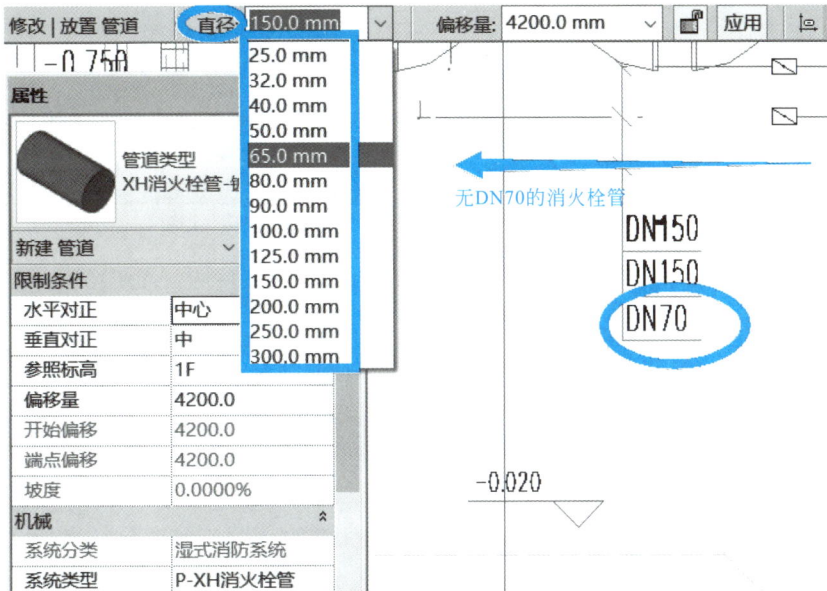

图 4-3　没有图纸中对应的管径

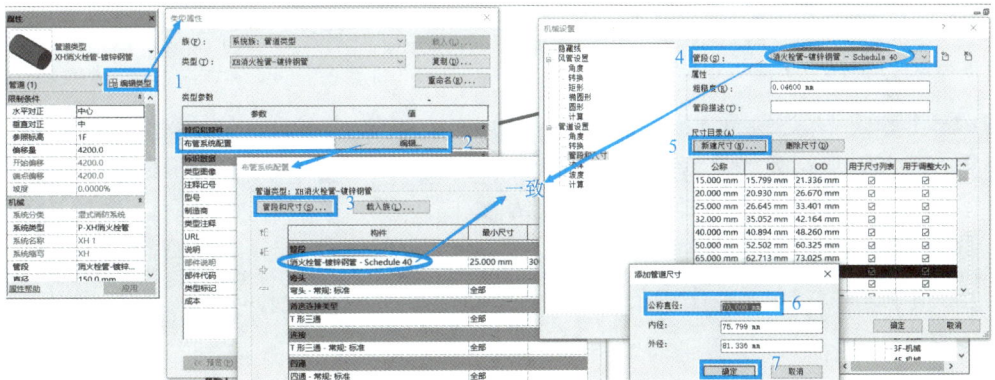

图 4-4　添加管径

【注意】：添加的一定是与现有布管系统配置中管段一致的管道尺寸。

4.4.2　添加消火栓

（1）载入消火栓族（图 4-5）

插入→载入族→族文件中"消防"文件夹→给水和灭火→消火栓→根据图纸选择

合适的载入。

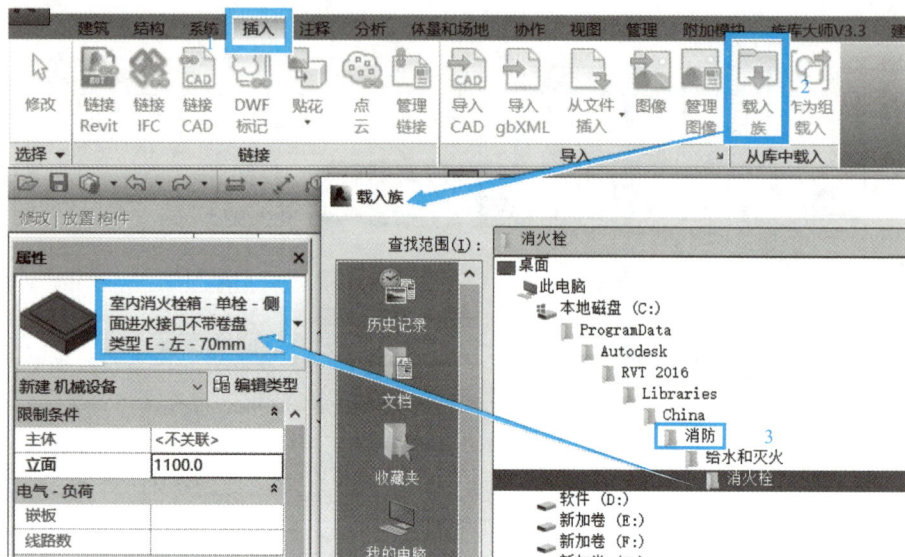

图 4-5　载入消火栓族

（2）放置消火栓

【注意】：因为"消火栓"是基于面制作的族，在放置时，需要拾取平面。

① 绘制参照平面

在消火栓所在处绘制参照平面，如图 4-6 所示。

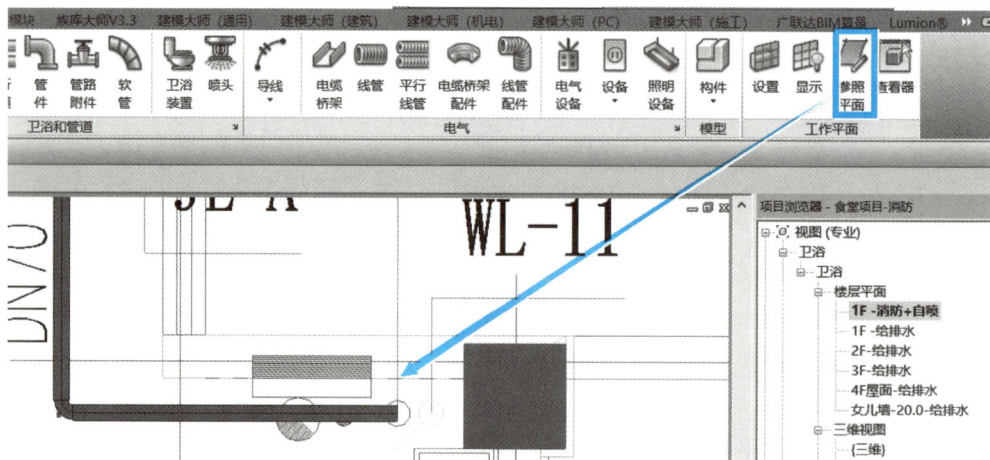

图 4-6　绘制参照平面

② 放置消火栓

系统→构件→放置构件→放置刚刚载入的消火栓族至参照平面处，如图 4-7 所示。

　　·　　·　　　　　　　　　　　　BIM 机电建模与应用

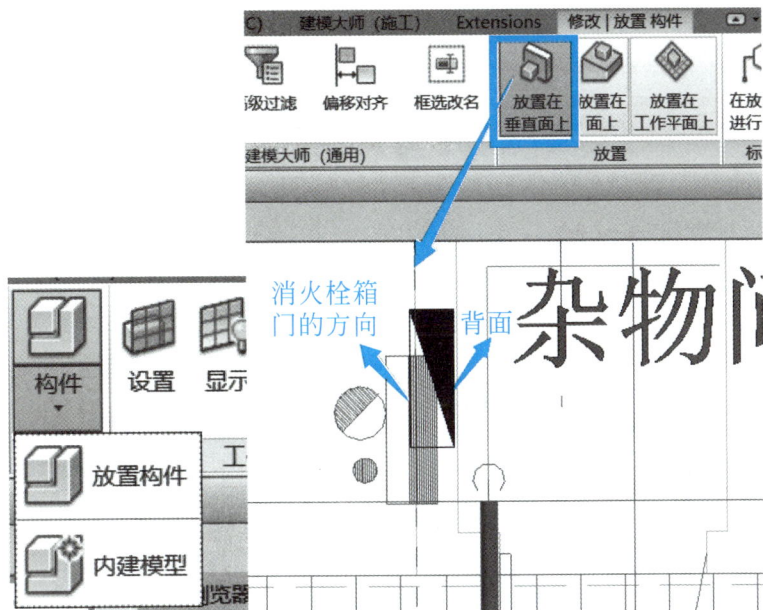

图 4-7　放置消火栓

　　【注意】： 在放置消火栓箱时，要注意箱门的开启方向（平面视图中未涂黑的即为箱门的开启面），且通过空格键切换消火栓箱的连接件的位置，使其尽量靠近管道方向。

　　③ 将消火栓与管道连接

　　选中消火栓→连接到→点击对应的消火栓支管，如图 4-8 所示。

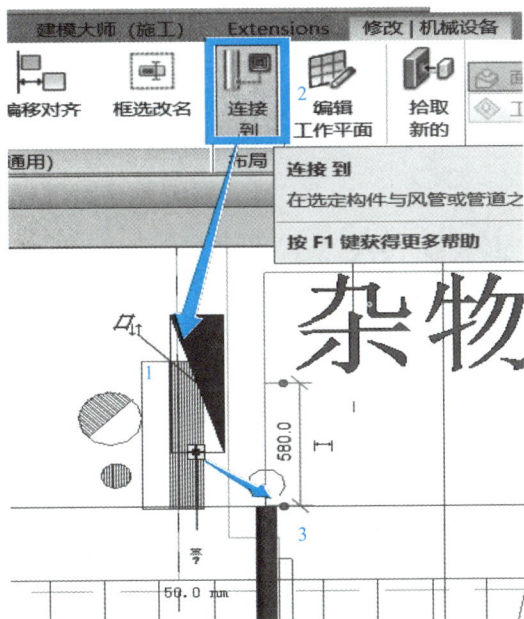

图 4-8　消火栓与管道连接

【注意】：如果不能通过"连接到"的命令自动连接，也可以从消火栓箱的连接件处绘制管道来进行手动连接。

④ 删除多余的管道，降级三通为弯头，如图 4-9 所示。

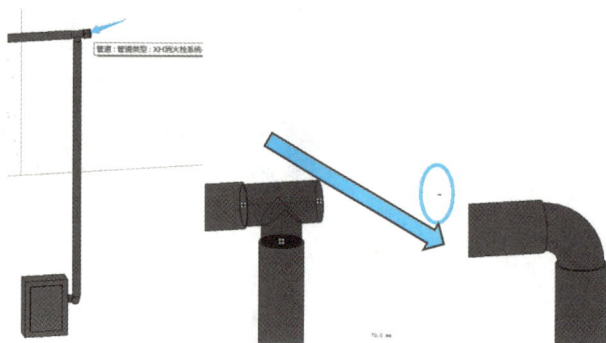

图 4-9　降级三通为弯头

4.4.3　添加截止阀等管路附件

系统→管路附件→添加闸阀、止回阀、截止阀至消防管道上，当阀门颜色和管道一致时，说明阀门安装成功，如图 4-10 所示。本食堂项目的消火栓系统模型如图 4-11 所示。

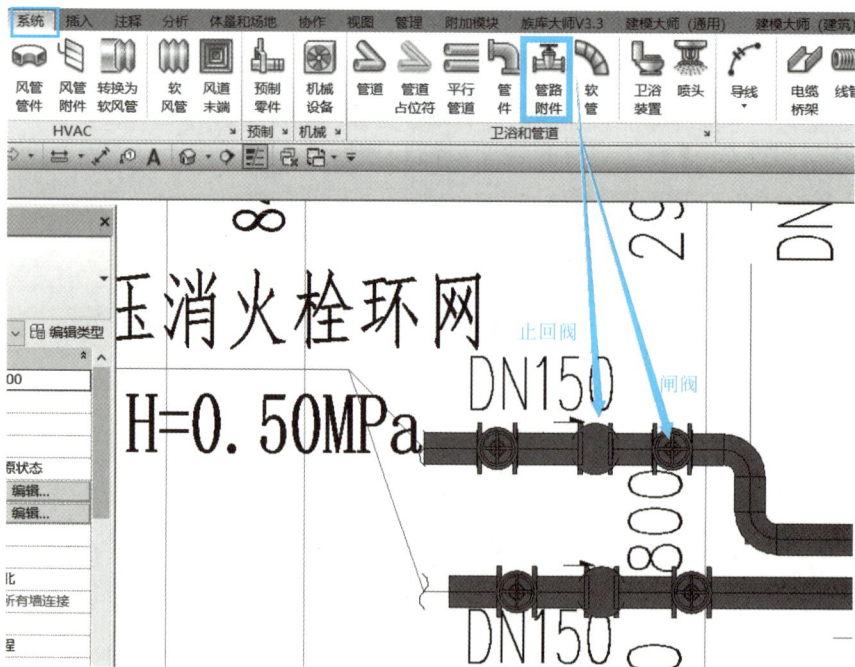

图 4-10　添加消火栓系统的管路附件

　·　·　BIM 机电建模与应用

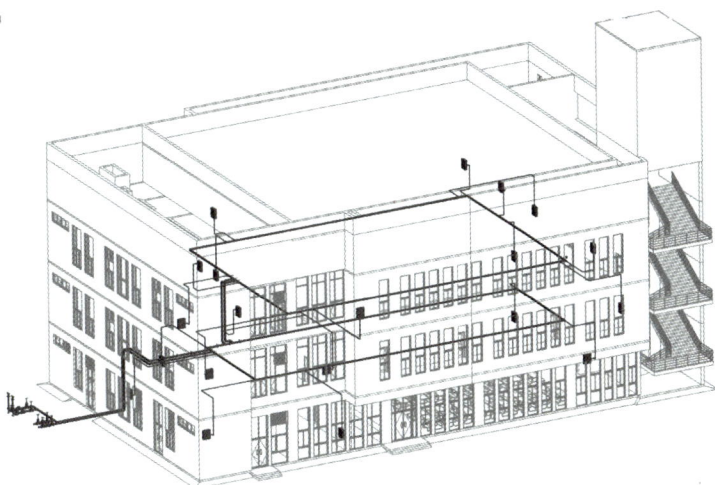

图 4-11 食堂消火栓系统模型

4.4.4 绘制喷淋管道

（1）导入 CAD 图纸（图 4-12）

进入"1F- 给排水"卫浴楼层平面视图→插入→链接 CAD →选择"1F 自喷"图纸→勾选"仅当前视图"，导入单位："毫米"，定位："自动 - 原点到原点"→将 CAD 底图与项目轴网对齐→锁定 CAD 底图。

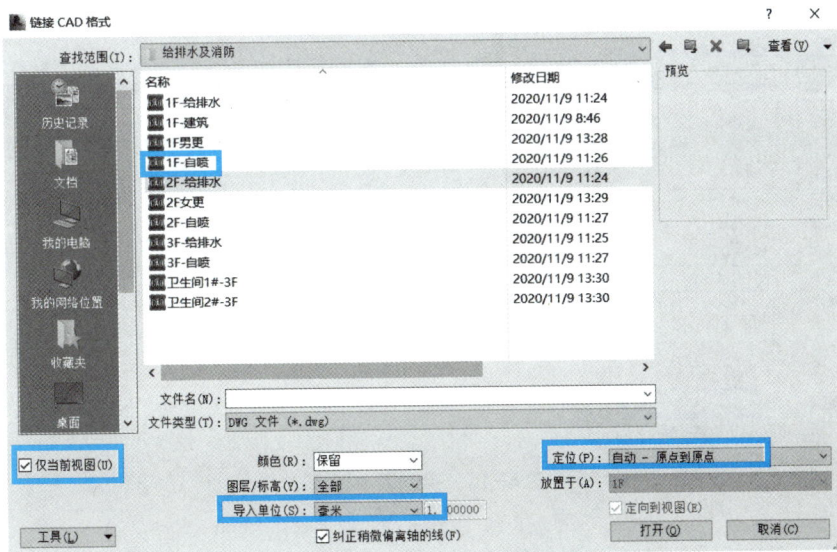

图 4-12 导入 CAD 图纸

（2）将给排水、消火栓管道系统设置不可见（图4-13）

快捷键"VV"→可见性→过滤器→去掉"J给水管"等的可见性。

图4-13　设置其他管道系统的可见性

（3）绘制喷淋管道（图4-14）

系统→卫浴和管道→管道→选择管道类型为"ZP自动喷淋 - 焊接钢管"→系统类型为"ZP自动喷淋系统"→直径：125mm→偏移量：-1000mm。

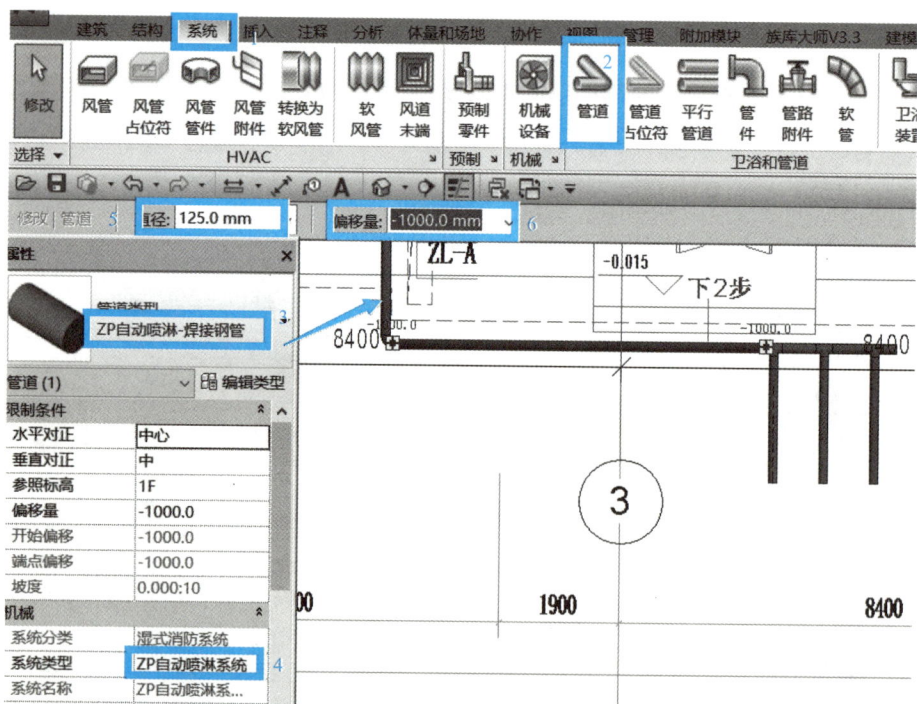

图4-14　绘制喷淋管道

（4）绘制喷淋立管（图4-15）

系统→管道→选择管道类型为"ZP自动喷淋 - 焊接钢管"→直径：125mm→

偏移量：-1000mm →偏移量：4250mm →点击两次"应用"。

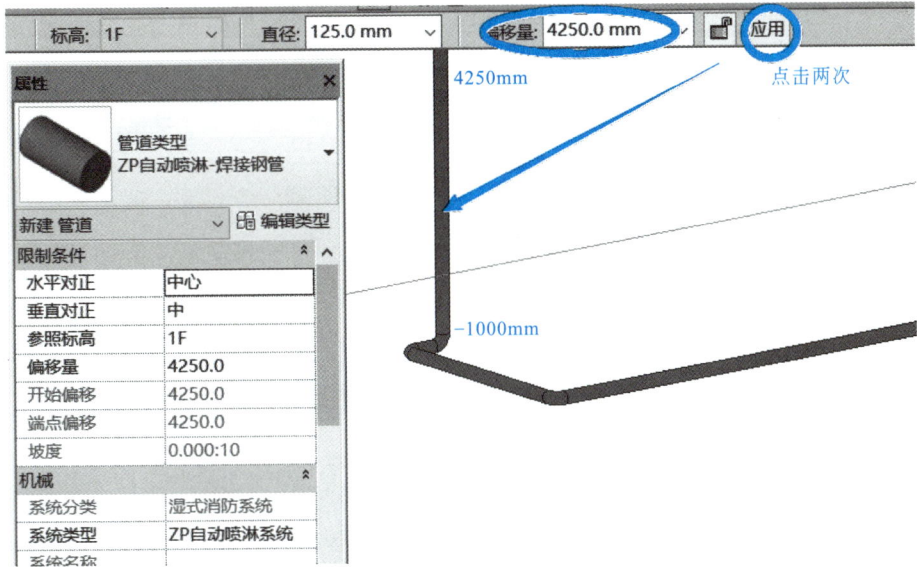

图 4-15　绘制喷淋立管

4.4.5　添加喷头

（1）载入喷头族并放置

插入→载入族→消防→给水和灭火→喷头→选择合适的喷头类型→放置喷头（偏移量：4000mm），如图4-16所示。

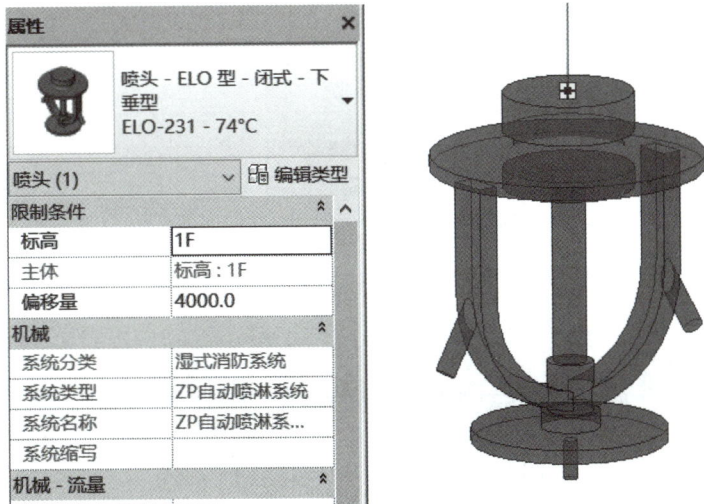

图 4-16　放置喷头

（2）将喷头和管道连接

单击选择喷头→连接到→点击消火栓支管，如图4-17所示。

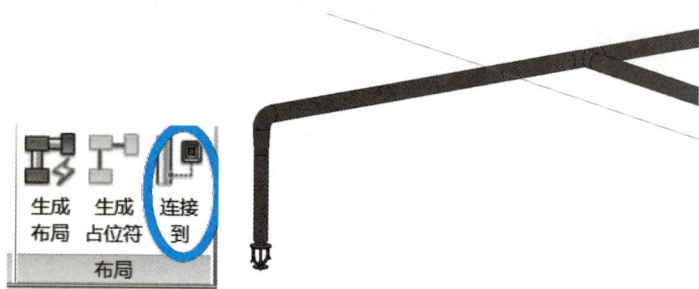

图4-17　连接喷头和管道

4.4.6　添加自动喷淋系统的管路附件

对于自动喷淋系统而言，主要的管路附件有：防水套管、报警器、阀门、水流指示器、末端试水装置、屋顶放气阀，添加方法同本书4.4.3节。

4.4.7　绘制其他层

如图4-18所示为绘制完其他楼层后，本食堂项目的喷淋系统模型。

【注意】：喷淋系统模型先绘制支管及喷头，后绘制干管，并且可以灵活运用复制、阵列、镜像等命令，来提高建模速度。

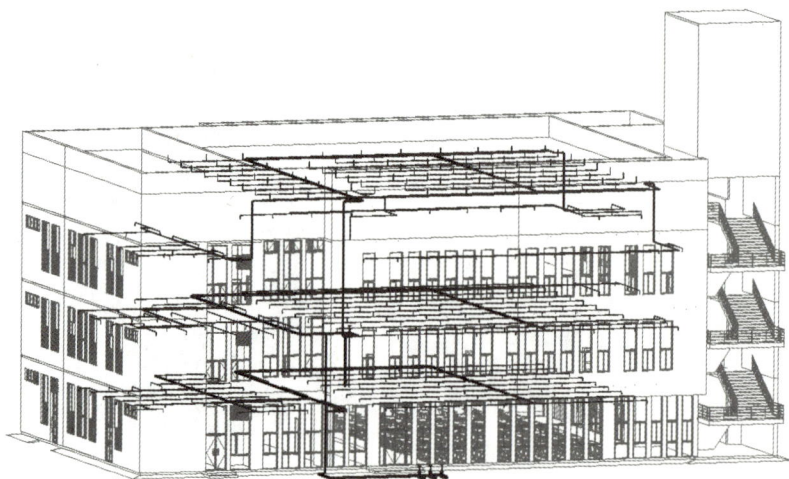

图4-18　食堂喷淋系统模型

4.5 拓展练习

根据图 4-19、图 4-20 创建某酒店七层局部建筑模型和第七层喷淋系统模型。建筑模型包括标高、轴网、柱、墙体、门窗等相关构件，建筑层高 3.4m，七层建筑标高为 20.6m，其中柱尺寸为 700mm×700mm，轴网居中布置，管井处墙厚为 100mm，其余墙厚为 200mm，窗距地面 900mm，喷淋管道尺寸及高程按图中要求，喷头标高为 2500mm［2020 年第一期 1+X（BIM）职业技能等级考试初级实操试题］。

图例说明			
LRG	空调冷热水供水管	Zy	直饮水管
LRH	空调冷热水回水管	J1	加压给水管
n	冷凝水管	R1	热水给水管
BECH	280°防火阀	闸阀	闸阀
FD	70°防火阀	截止阀	截止阀
说明:CL代表管道中心标高，BL代表管道底标高。			

管道颜色表			
排烟管	RGB 000-075-150	直饮水管	RGB 000-255-000
排风管	RGB 000-000-255	加压给水管	RGB 150-050-255
送风管	RGB 000-255-255	热水给水管	RGB 150-050-100
空调冷热水供水管	RGB 000-000-255	喷淋管	RGB 255-000-255
空调冷热水回水管	RGB 128-128-255	强电桥架	RGB 255-000-000
冷凝水管	RGB 000-255-255		

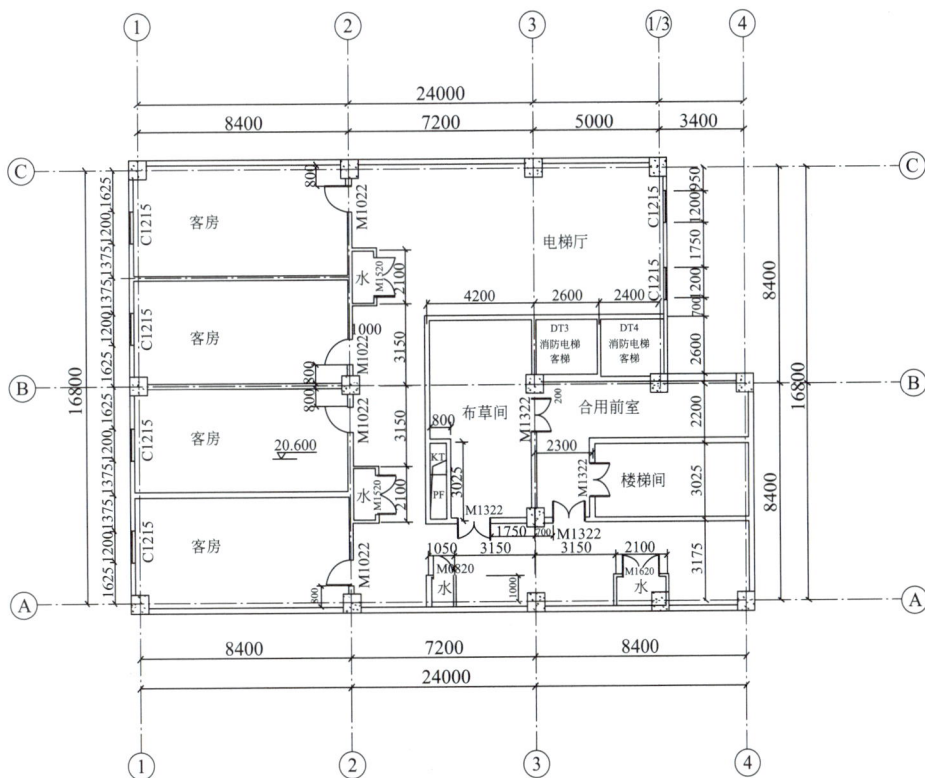

图 4-19　建筑平面图

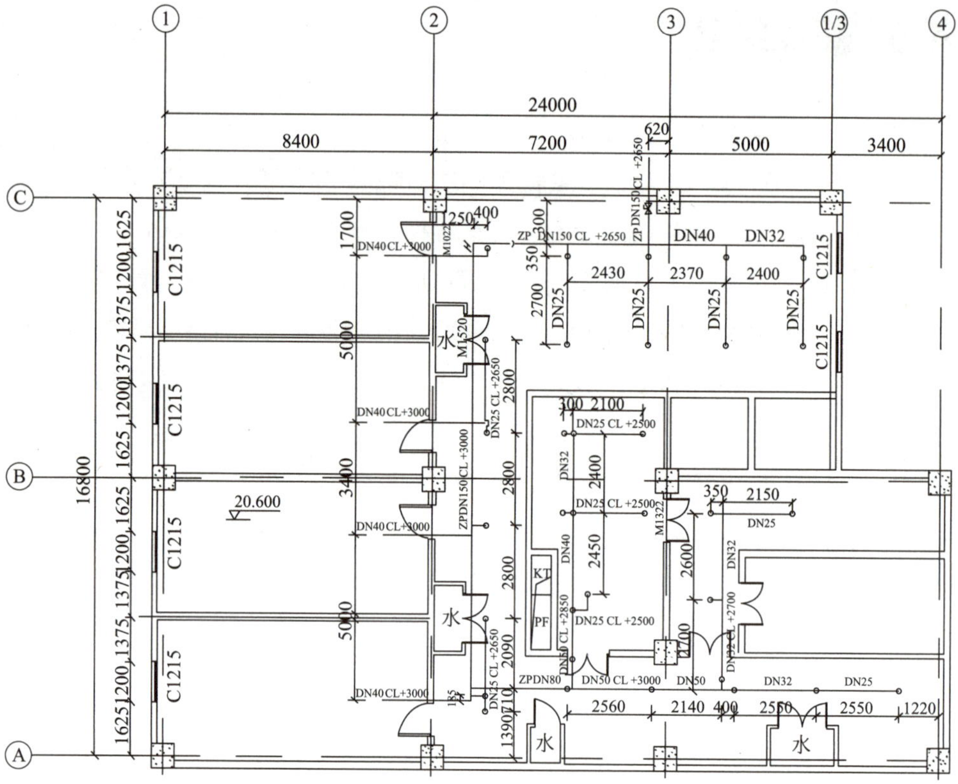

图 4-20　喷淋平面图

暖通系统模型的绘制

5.1 任务说明

微课视频
5.1

按照食堂给排水施工图，选择送风、回风系统的类型，绘制送风管道和回风管道的类型，添加风阀、风道末端等管路附件。掌握风管、风道末端的绘制方法，最后完成整个通风系统模型的绘制。

5.2 任务分析

微课视频
5.2

通风系统模型任务分析：

（1）选择风管类型；

（2）选择风管尺寸；

（3）指定风管偏移量及对正方式；

（4）绘制水平风管及立管；

（5）放置风量调节阀、止回阀、防火阀等风管附件；

（6）放置风口（如：送/回风口）、格栅（如：排烟、排风格栅）、散流器等风道末端；

（7）放置风机、静压箱等机械设备。

5.3 暖通系统基础知识

1. 通风系统分类

通风系统按建筑物类型、范围、动力方式有不同的分类，如图 5-1 所示。

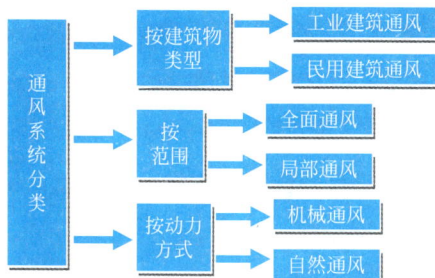

图 5-1 通风系统的分类

【注意】：在通风系统设计时，先考虑局部通风，若达不到要求，再采用全面通风，还要考虑建筑设计和自然通风的配合。

2. 机械送风系统组成

机械送风系统是向室内或车间输送新鲜并且经过适当处理的空气，如图 5-2 所示，所以机械送风系统一般是由室外进风口、空气处理设备（如：空气过滤器、空气加热器等）、送风机、静压箱、消声器、送风管道、风阀（如：风量调节阀、防火阀等）、室内送风口等部分组成。

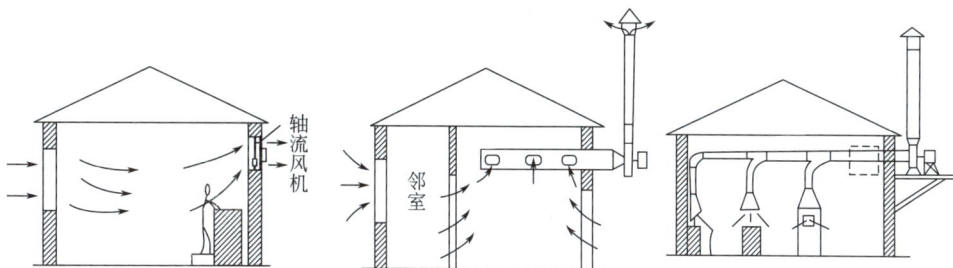

图 5-2 机械通风图

3. 机械排风系统的组成

机械排风系统（包括除尘系统和空气净化系统）一般由室内排风口（排风罩）、排风管道、排风机、风帽、空气净化设备等部分组成。

5.4 任务实施

微课视频
5.4-1

微课视频
5.4-2

5.4.1 绘制风管

以创建食堂项目一层排风管为例，讲解风管的绘制方法，其他楼层的回风管和送风管也是同样的绘制方式。

（1）新建项目并保存文件（图5-3）

打开Revit软件，新建→项目→选择"食堂项目样板.rte"→确定→保存"食堂项目–暖通"。

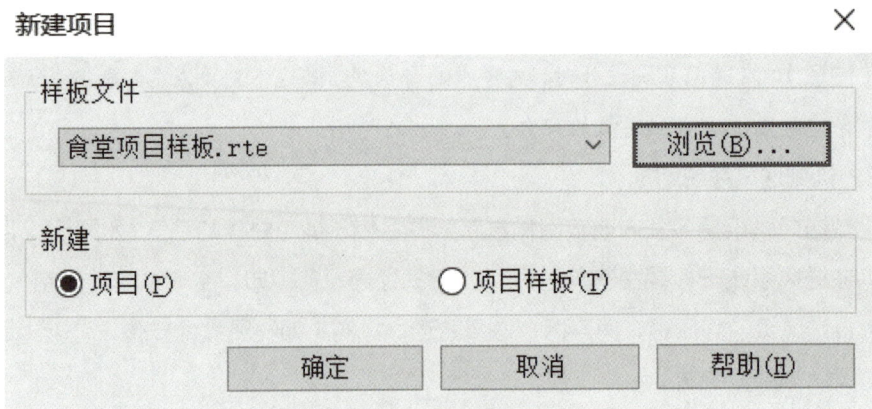

图5-3 用已有的项目样板新建项目并保存文件

（2）链接CAD图纸，作为建模参照（图5-4）

进入"1F–暖通"机械楼层平面视图→插入→链接CAD→选择"1F暖通平面图"→勾选"仅当前视图"，导入单位："毫米"，定位："自动–原点到原点"→将CAD底图与项目轴网对齐→锁定CAD底图。

【注意】：在其他设置无误的情况下，若在平面视图中找不到链接进来的.dwg图纸，可单击鼠标右键，选择"缩放匹配"命令，然后将.dwg图纸调至正确位置。

（3）绘制排风管道（图5-5）

系统→风管→选择矩形风管："PF排风–镀锌钢板"→水平对正：中心，垂直对正：顶，参照标高：1F→选择系统类型为"M-PF排风"→宽度：1250mm，高度：400mm→偏移量：4100mm。

【注意】：设计施工图中注明了"风管的安装高度均是相对于地面的顶标高"，

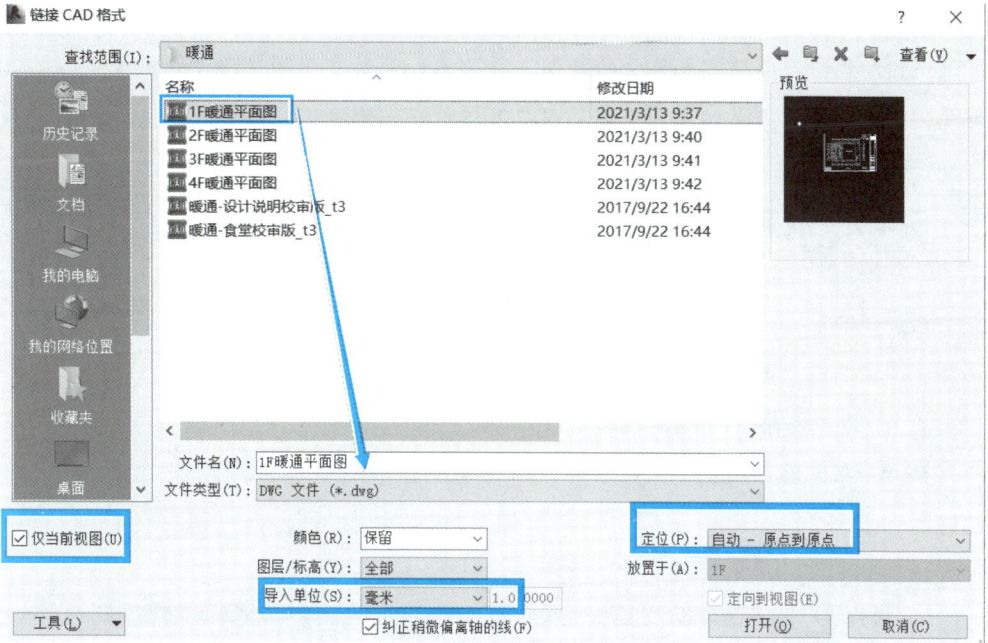

图 5-4　链接 CAD 图纸

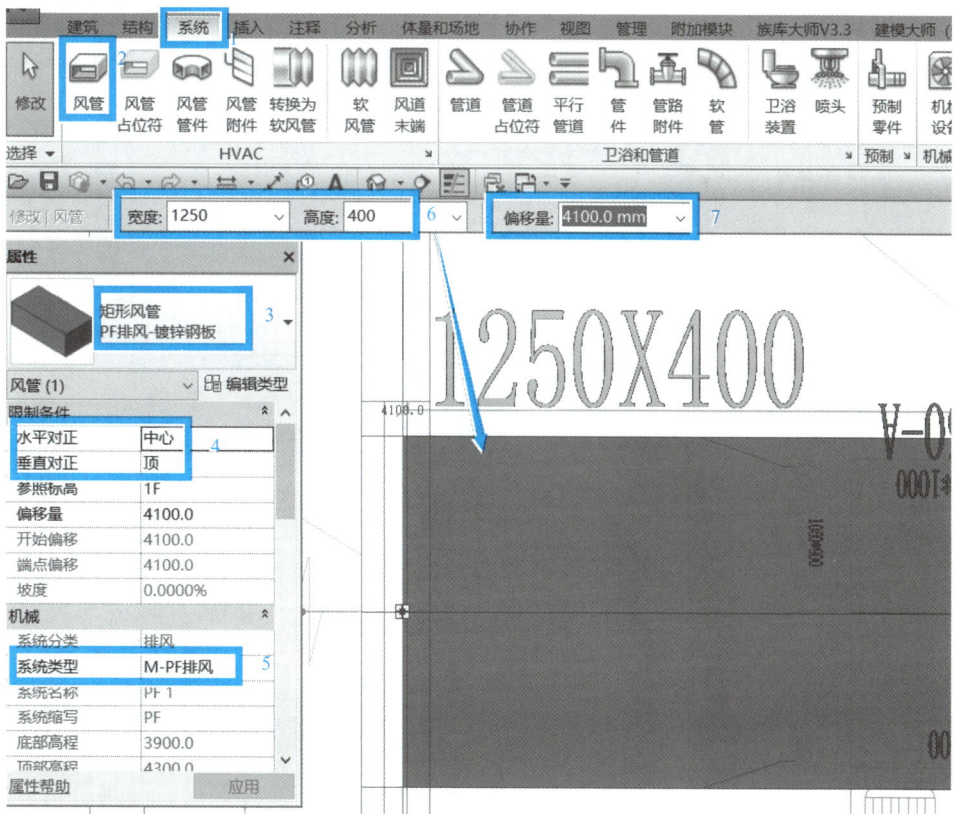

图 5-5　风管的参数及绘制步骤

因此垂直对正的方式就是"顶对齐"，且风管顶标高为 4.300m。在绘制时偏移量按 4300mm 设置，若已经完成风管的绘制，再选中风管所显示的偏移量是风管中心的偏移量，因此，要重点关注风管顶部高程是否与图纸一致即可。

5.4.2 放置风管附件

在 Revit 中，风管附件为可载入族，包括风量调节阀、止回阀、防火阀等多种类型，可用"风管附件"命令按 CAD 图放置在合适位置。

（1）载入风管附件的族（图 5-6）

插入→载入族→机电→风管附件→风阀→选择"平行式多叶调节阀－矩形－手动－法兰"→打开。

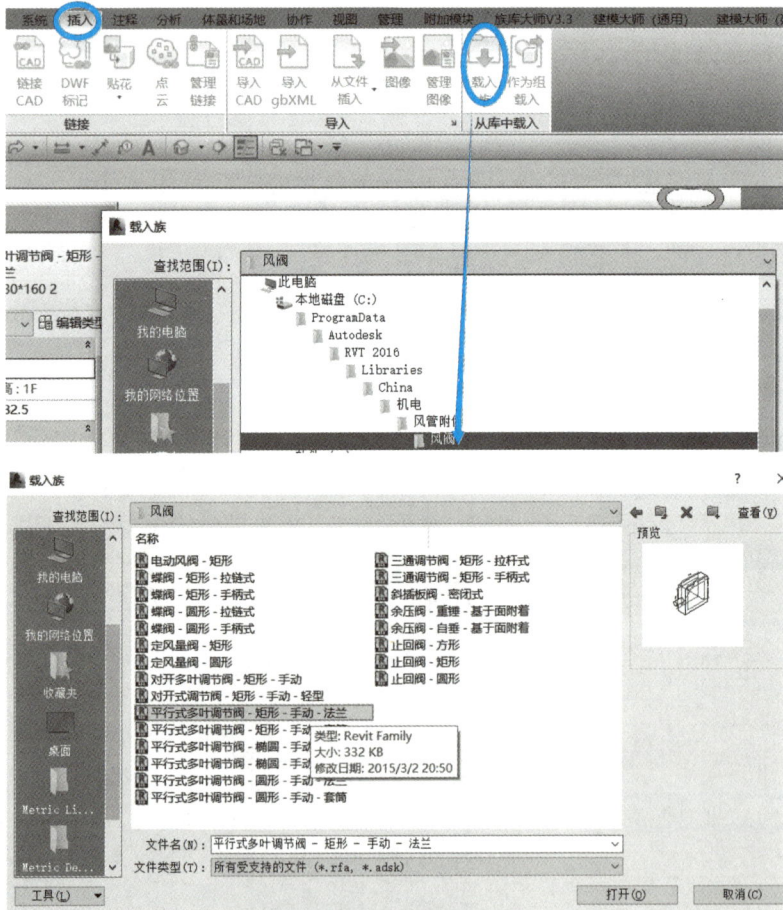

图 5-6　载入风管附件的族

【注意】：其他蝶阀、止回阀等按同样方法载入。防火阀在"消防→防排烟→风阀"目录下。

（2）放置调节阀（图5-7）

系统→风管附件→选择载入的调节阀→根据风管尺寸设置阀门尺寸。

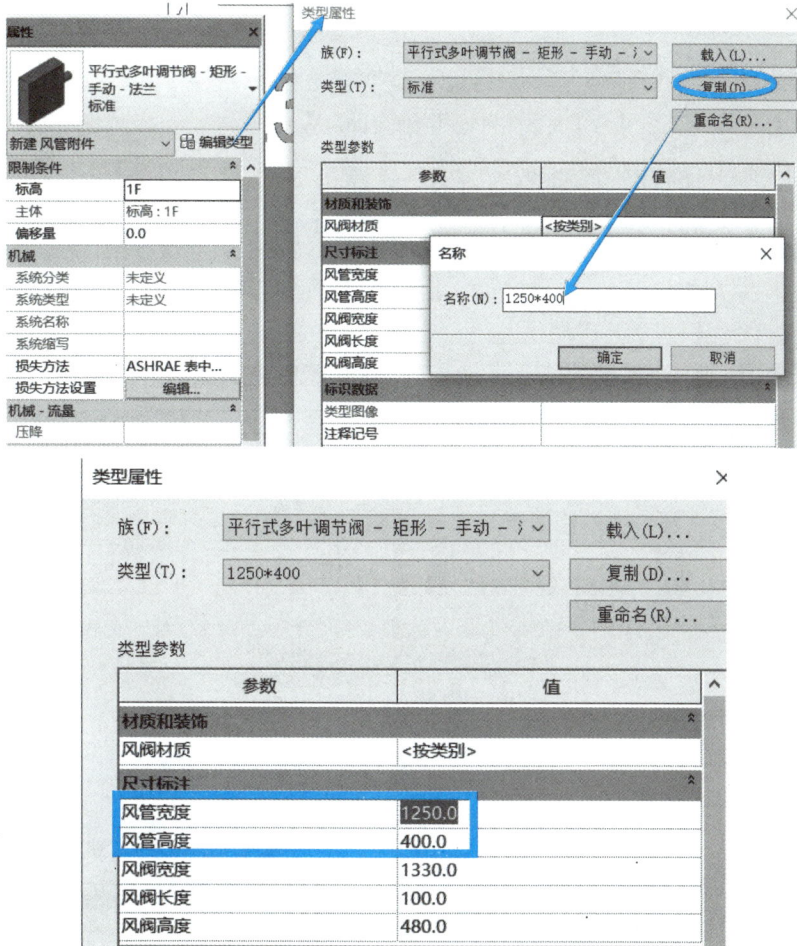

图5-7　放置调节阀

【注意】：电动风阀和防火阀会自动适应风管尺寸；风管附件的添加一般不需要设置标高尺寸，风管附件会自动识别风管的标高及尺寸，放置时只需确定平面位置即可。

5.4.3　放置风道末端

在Revit中，风道末端是可载入族，包括风口（送风口、回风口、排风口）、格栅（排烟、排风格栅）、散流器等风道末端装置，此处主要讲解1F的单层百叶风口、排气扇的放置。已知单层百叶风口安装在风管底部，排气扇安装在 H+3.500m 高度的地方。

（1）载入风道末端的族

在指定路径下载入单层百叶风口的族。

方法 1：插入→载入族→单层百叶风口 . rfa；

方法 2：风道末端→载入族→单层百叶风口 . rfa（图 5-8）。

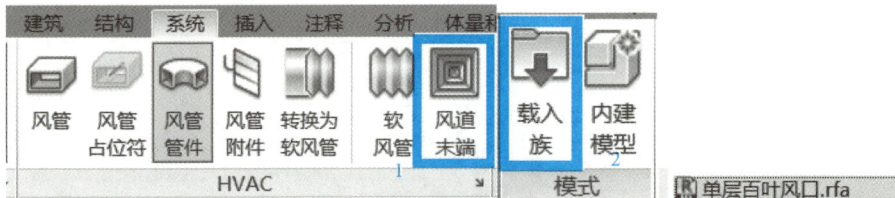

图 5-8　载入风道末端的族

【注意】：Revit 自带的族没有排气扇，可以在构件坞下载"排气扇 .rfa"的族后载入，或载入其他项目的排气扇的族。

（2）放置排风口（图 5-9）

系统→风道末端→单层百叶风口→修改排风口尺寸与图纸一致→选择"风道末端安装到风管上"→点击风管中心位置放置风口即可。

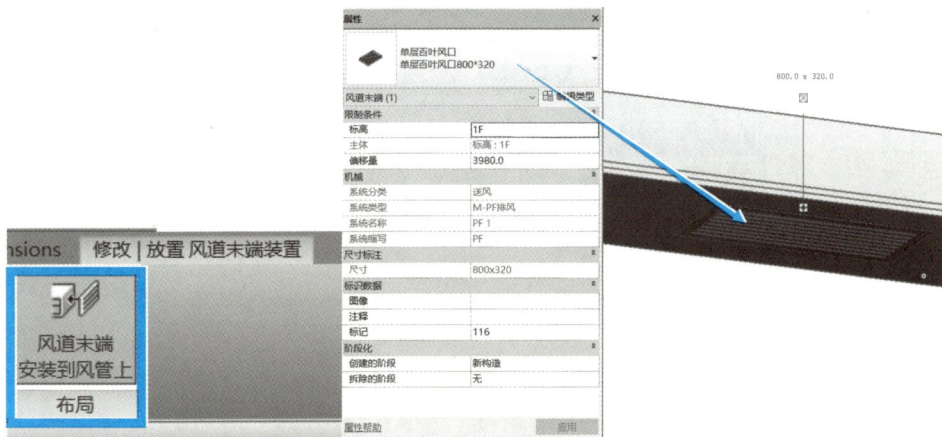

图 5-9　放置排风口（以"风道末端安装到风管"的方式）

【注意】：如果放置时风口方向不对，可以通过空格键进行切换。

（3）放置排气扇（图 5-10）

系统→放置构件→排气扇→偏移量：3500mm →放置于 CAD 底图所在处。

（4）连接排气扇和风管（图 5-11）

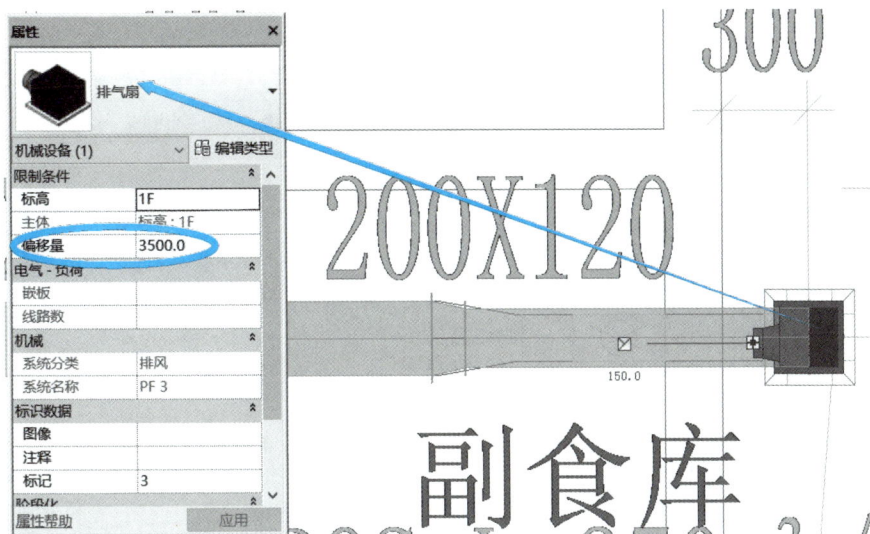

图 5-10　放置排气扇

图 5-11　连接排气扇和风管

5.4.4　放置风机、静压箱等机械设备

在 Revit 中，暖通专业的各类风机、空调机组等机械设备都是可载入族。

（1）载入风机、空调机组、静压箱等族

① 载入风机族（图5-12）

插入→载入族→消防→防排烟→风机→排烟风机－离心式－消防．rfa。

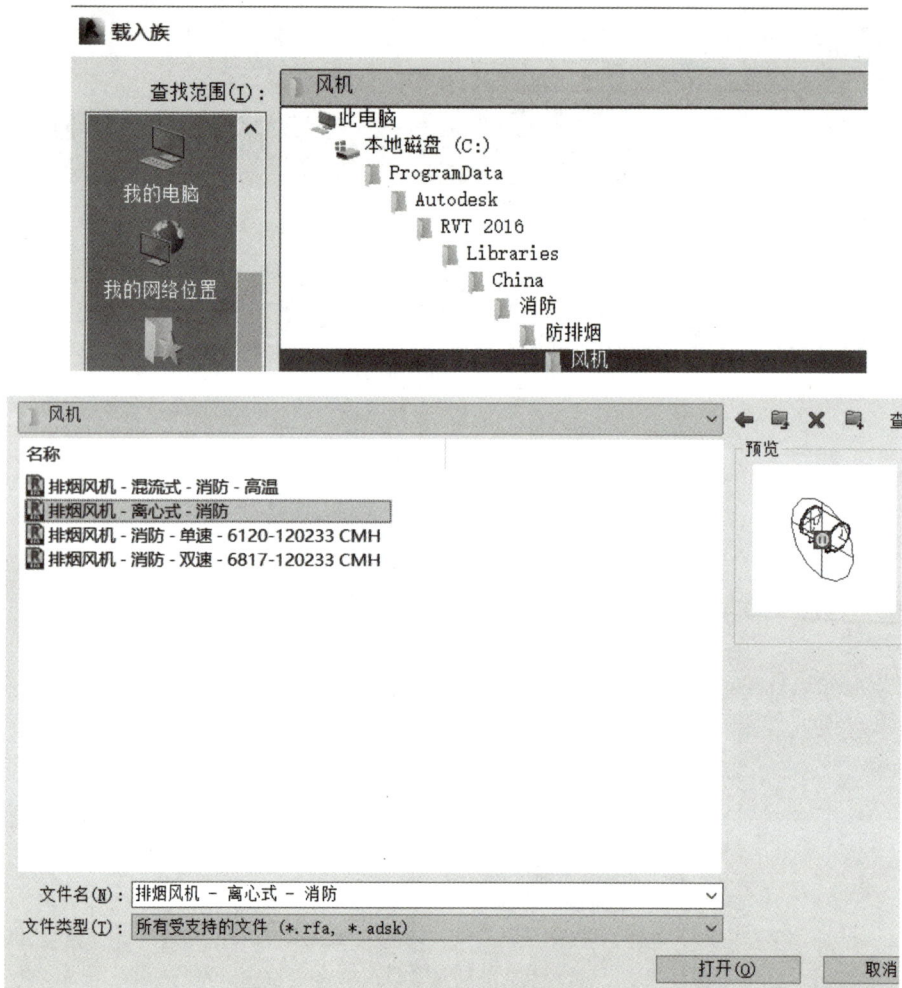

图5-12　载入风机族

② 载入空调族（图5-13）

插入→载入族→机电→空气调节→ VRF →多联机－室内机－静音型－天花板内藏风管式．rfa。

③ 载入静压箱、消声器族（图5-14）

插入→载入族→机电→风管附件→静压箱→静压箱．rfa；

插入→载入族→机电→风管附件→消声器→消声器－WX 微孔板式．rfa。

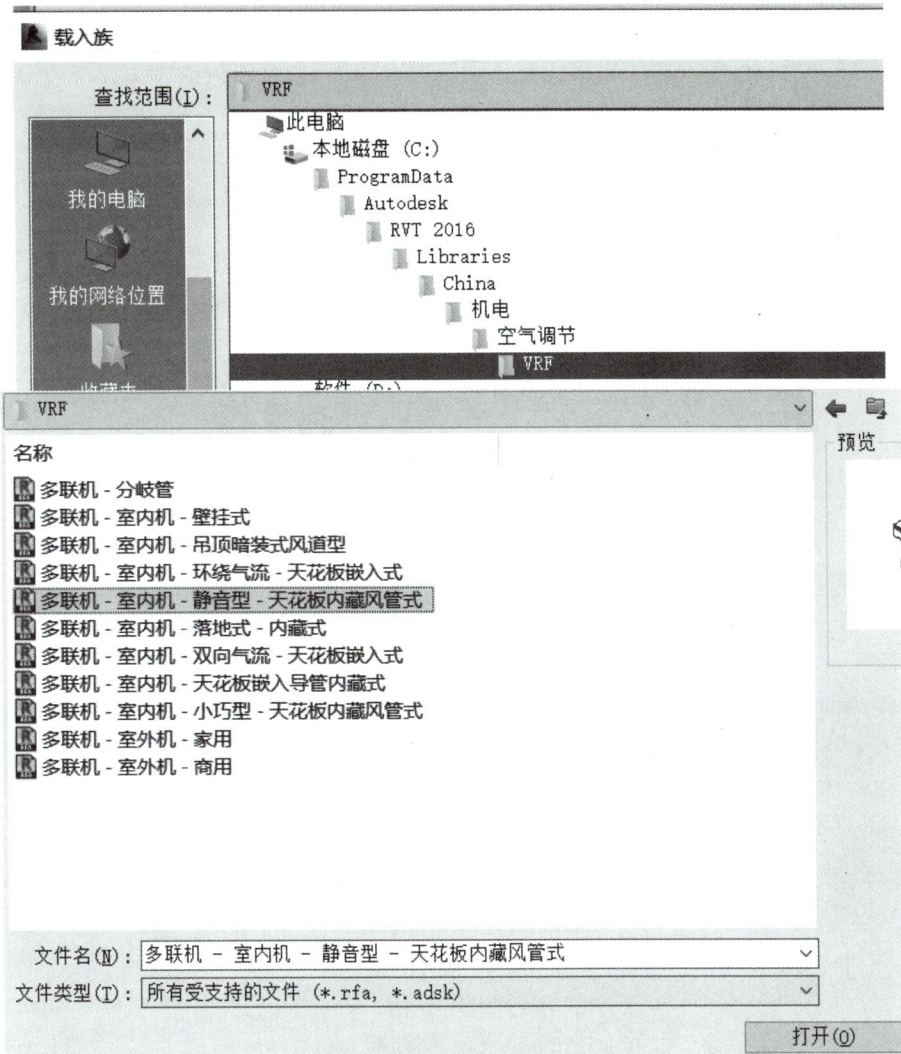

图 5-13　载入空调族

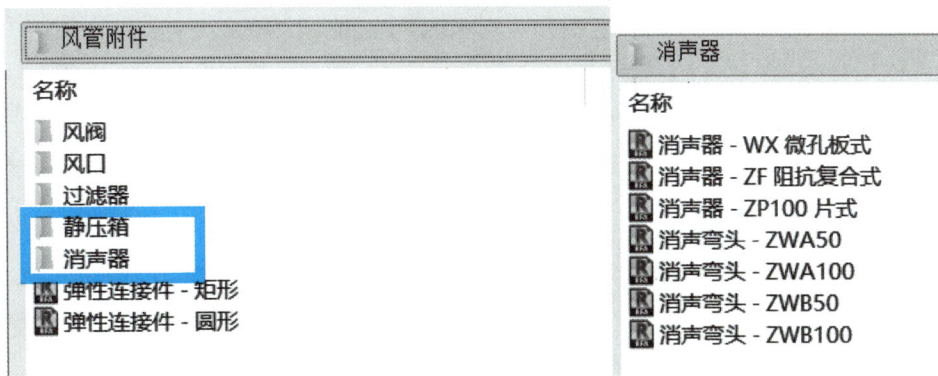

图 5-14　载入静压箱、消声器族

（2）放置风机（空调机组）（图 5-15）

系统→机械设备→将风机放置在正确位置→单击鼠标右键→绘制风管（根据图纸调整风管尺寸）。

本食堂项目的暖通模型如图 5-16 所示。

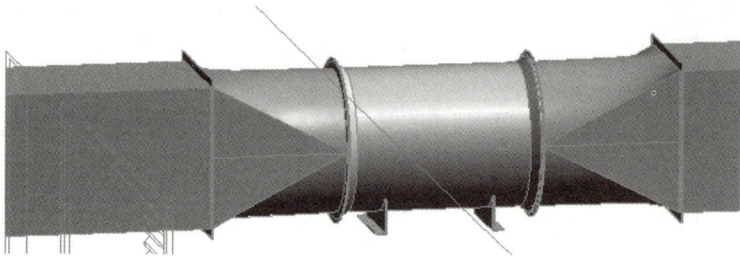

图 5-15　放置风机

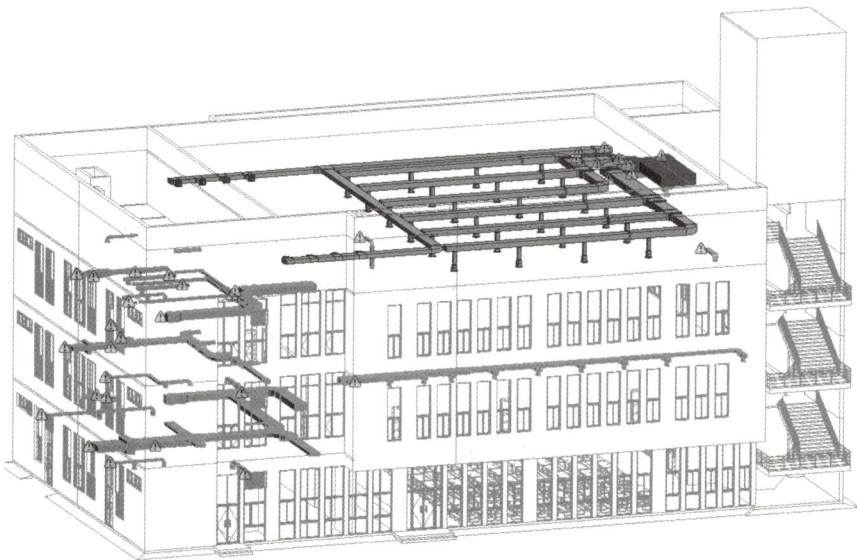

图 5-16　食堂项目暖通模型

5.5　拓展练习

根据图 5-17 创建暖通系统模型，要求创建视图名称为"七层暖通平面图"，风口类型可自行确定，风机盘管选用自带回风风机盘管，大小自定义，冷凝水管坡度为

2%，管道尺寸及高程按图中要求［2020年第一期1+X（BIM）职业技能等级考试初级实操试题］。

图例说明				
LRG	空调冷热水供水管	Zy	直饮水管	
LRH	空调冷热水回水管	J1	加压给水管	
n	冷凝水管	R1	热水给水管	
BECH	280°防火阀	⋈	闸阀	
FD	70°防火阀	⌀	截止阀	
说明:CL代表管道中心标高，BL代表管道底标高。				

管道颜色表			
排烟管	RGB 000-075-150	直饮水管	RGB 000-255-000
排风管	RGB 000-000-255	加压给水管	RGB 150-050-255
送风管	RGB 000-255-255	热水给水管	RGB 150-050-100
空调冷热水供水管	RGB 000-000-255	喷淋管	RGB 255-000-255
空调冷热水回水管	RGB 128-128-255	强电桥架	RGB 255-000-000
冷凝水管	RGB 000-255-255		

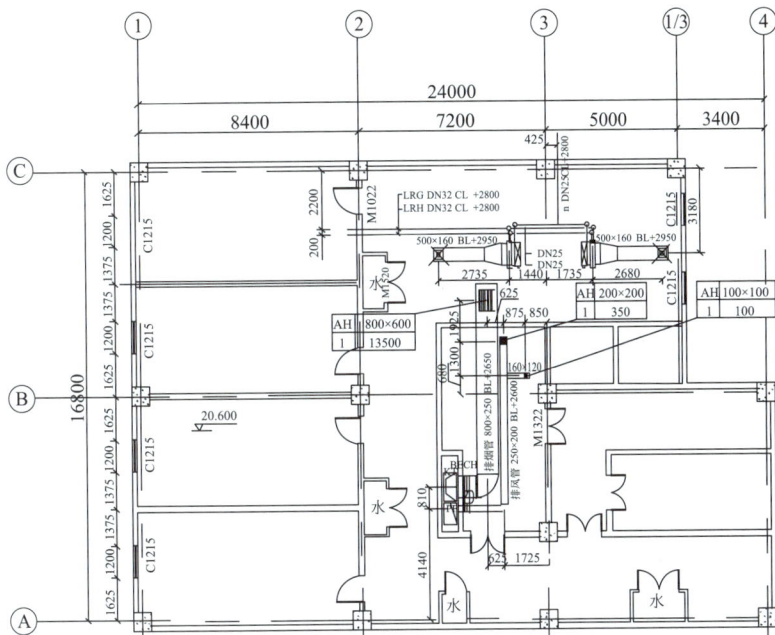

图 5-17　暖通平面图

任务 6
电气系统模型的绘制

6.1　任务说明

微课视频
6.1

　　按照食堂电气施工图，完成动力系统模型中的电联桥架、配电箱的布置；照明系统模型的灯具、疏散指示灯、安全出口指示灯、线管及开关、插座的布置。

6.2　任务分析

　　动力系统模型任务分析：

　　（1）绘制强电和弱电桥架；

　　（2）放置配电箱、配电柜等电气设备；

　　（3）绘制线管。

　　照明系统模型任务分析：

　　（1）放置灯具；

　　（2）放置开关插座；

　　（3）绘制导线。

6.3 电气系统基础知识

建筑电气按其系统的作用可以分为强电系统和弱电系统两大部分。通常把电力、照明用的电称为强电，把传播信息、进行信息交换用的电称为弱电。

一般建筑物的电气照明供电，都采用 380/220V 三相四线制供电系统，即由配电变压器的低侧引出三根相线（L1、L2、L3）和一根零线（N）。这种供电方式最大的优点是可以同时提供两种不同的电源电压。对于动力负荷可以用 380V 的线电压，对于照明负荷可以用 220V 的相电压。

照明供电系统一般由以下部分组成：

（1）进户线

从进户点引入建筑物内总配电箱的一段线路。

（2）配电箱

接收和分配电能的装置。对于用电量小的建筑物，可以只安装一个配电箱，对于用电负荷大的建筑物，可以在某层设置总配电箱，而在其他楼层设置分配电箱。

（3）干线和支线

从总配电箱到分配电箱的一段线路称为干线；从分配电箱到灯具及其他用电器的线路称为支线。

6.4 任务实施

微课视频 6.4-1

微课视频 6.4-2

6.4.1 绘制电缆桥架

以创建食堂项目一层动力桥架为例，讲解电缆桥架的绘制方法。

（1）新建项目并保存文件（图 6-1）

打开 Revit 软件，新建→项目→选择"食堂项目样板.rte"→确定→保存"食堂项目 - 电气"。

（2）链接 CAD 图纸，作为建模参照（图 6-2）

进入"1F- 电力"电力楼层平面视图→插入→链接 CAD →选择"1F 电力平面

图"→勾选"仅当前视图",导入单位:"毫米",定位:"自动 - 原点到原点"→
将 CAD 底图与项目轴网对齐→锁定 CAD 底图。

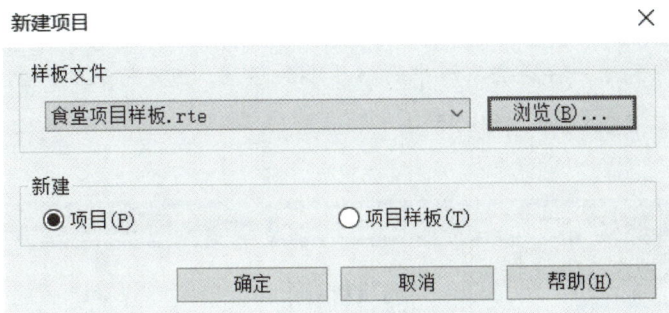

图 6-1 用已有的项目样板新建项目并保存文件

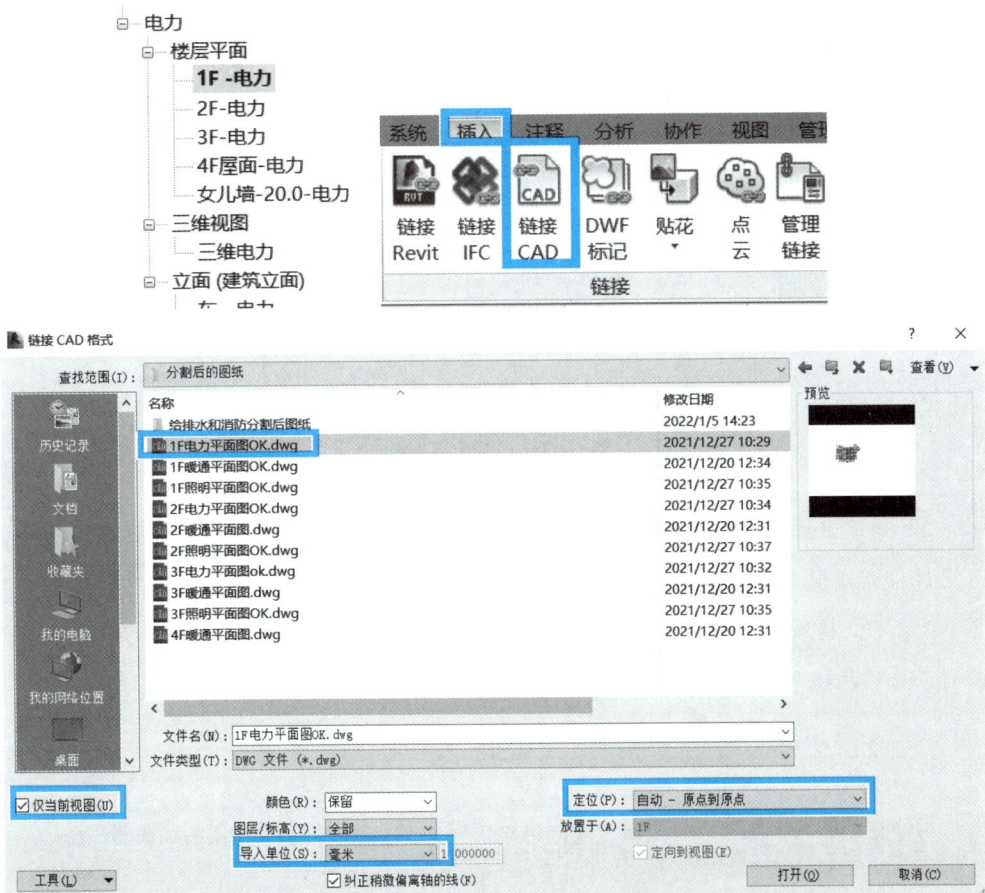

图 6-2 链接 CAD 图纸至对应楼层平面

（3）绘制电缆桥架（图6-3）

系统→电气→电缆桥架→选择"消防桥架－槽式"→水平对正：中心，垂直对正：中，参照标高：1F →宽度：200mm，高度：100mm →偏移量：3750mm。

【注意】1. 电气中桥架的绘制方法虽然与风管、水管相似，但是桥架没有系统，也就是说不能像风管一样通过系统中的材质添加颜色，但是桥架的颜色可以通过过滤器来添加（见本书2.4.5节介绍的方法）。

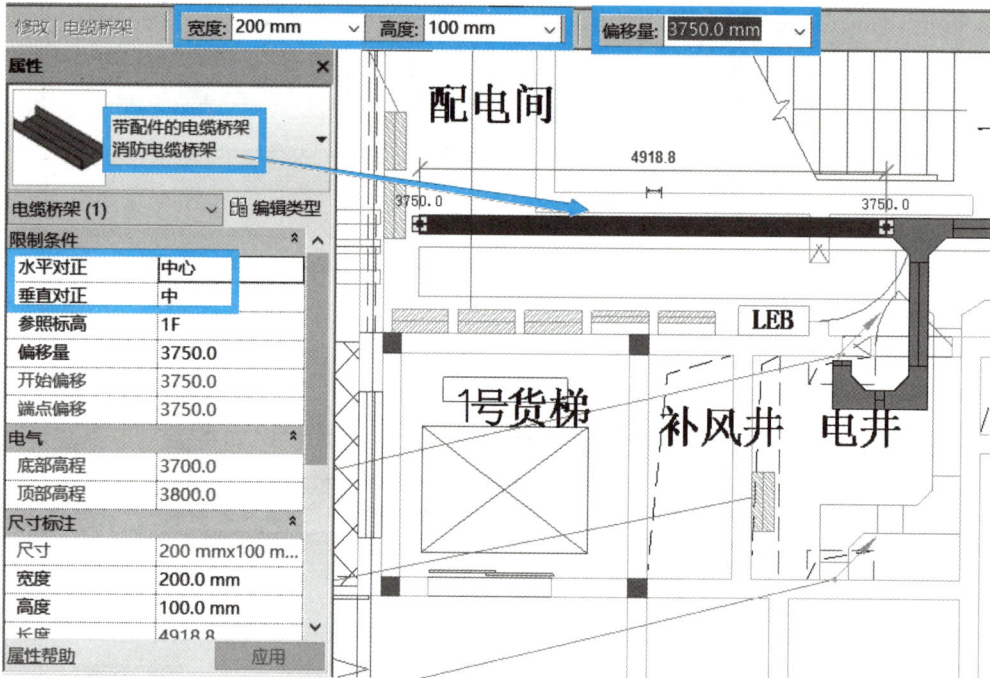

图6-3　绘制电缆桥架

2. 如果出现如图6-4所示的警告，且桥架不可见，那么可以通过快捷键"VV"可见性检查模型类别是否显示（图6-5），或过滤器是否可见（图6-6）。

3. 可以利用自动连接、继承高程、继承大小这三个功能，这样绘制桥架时就可以自动继续捕捉到图元的高程、大小，如图6-7所示。

警告

所创建的图元在视图 楼层平面：1F -电力 中不可见。您可能需要检查活动视图及其参数、可见性设置以及所有平面区域及其设置。

图6-4　图元不可见警告

楼层平面: 1F -电力的可见性/图形替换

图6-5　模型类别可见性设置

楼层平面: 1F-电力的可见性/图形替换

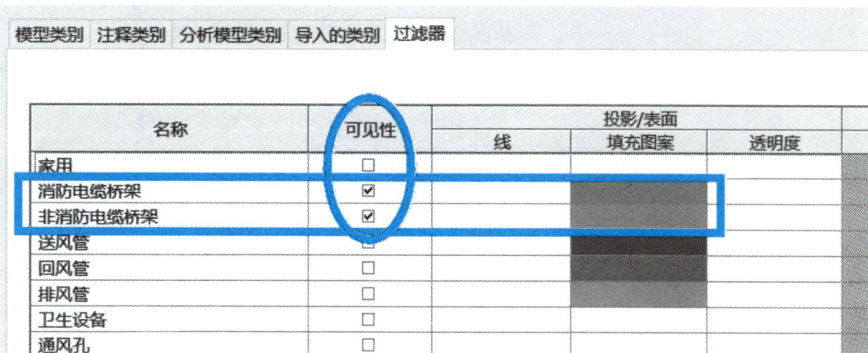

图6-6　过滤器可见性设置

图6-7　放置工具

6.4.2　放置配电箱

本项目的配电箱分为照明配电箱（含应急照明配电箱）和动力配电箱，两类配电箱的放置方式相同。各配电箱的安装高度见图纸，如图 6-8 所示。

设备名称	图例	规格及型号	单位	数量	备注
电力电源配电柜		详见总配电箱系统图	台		落地安装
应急照明双电源切换箱		详见相关配电箱接线图	台		挂墙明装，距地1.4m
照明双电源切换箱		详见相关配电箱接线图	台		挂墙明装，距地1.4m
动力配电箱(兼控制箱)		详见相关配电箱接线图	台		挂墙明装，距地1.4m
普通照明配电箱		详见相关配电箱接线图	台		挂墙明装，距地1.4m
开水器控制箱		详见相关配电箱接线图	台		距地1.4m暗装

图 6-8　配电箱图例

（1）载入配电箱族（图 6-9）

插入→载入族→机电→供配电→配电设备→箱柜→根据图纸选择相应的箱柜族。

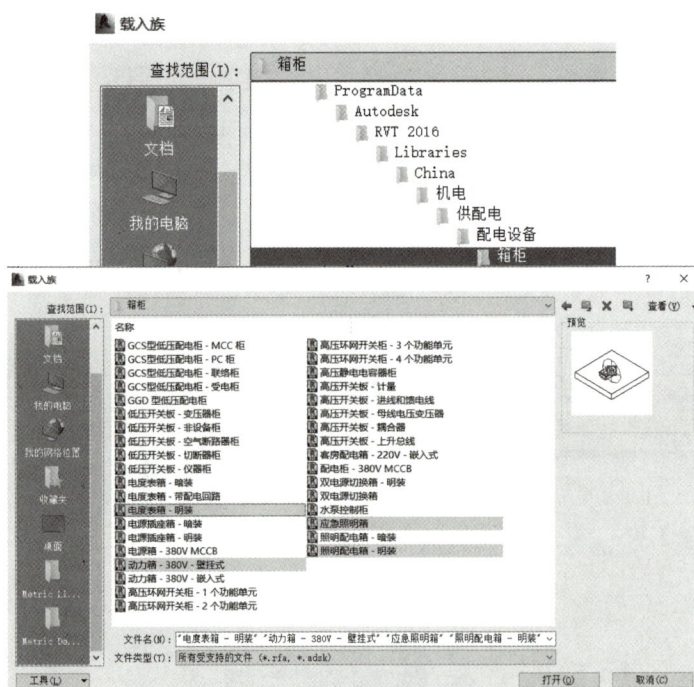

图 6-9　载入配电箱族

（2）放置配电箱

以 1F 照明配电箱为例，其他层及其他配电箱用同样的方法。

系统→电气设备→选择照明配电箱→编辑类型→复制→ SAL- 照明配电箱（图 6-10）→修改箱体尺寸和安装高度（默认高程：1400mm）（图 6-11）。

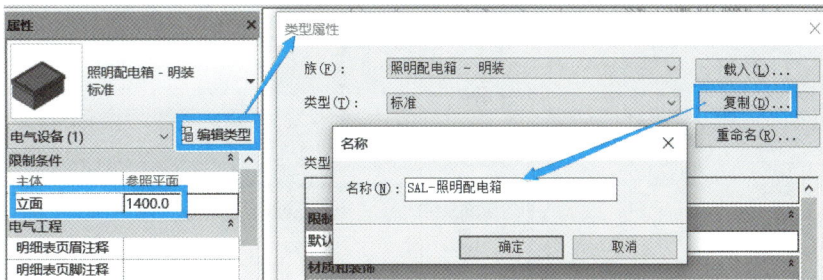

图 6-10　命名配电箱

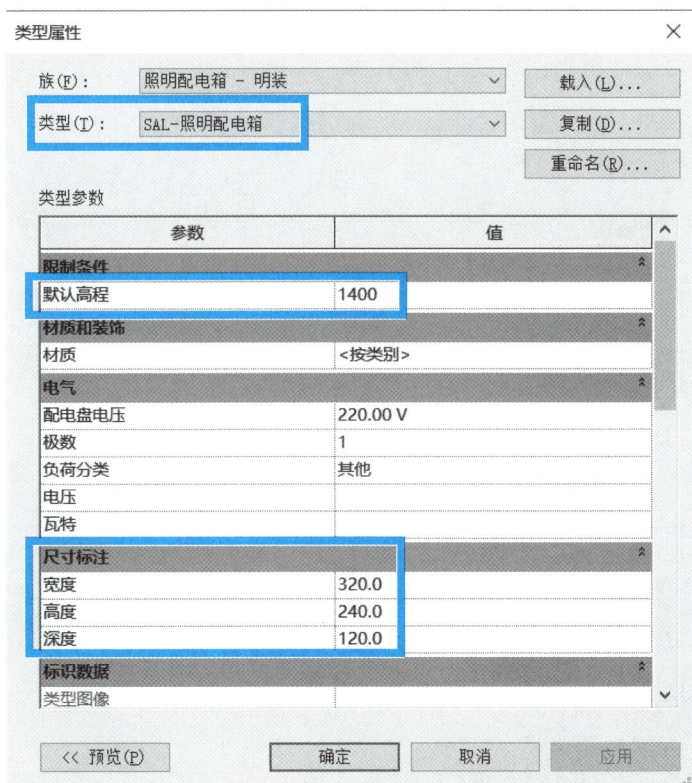

图 6-11　设置配电箱的安装高度和尺寸等参数

6.4.3　绘制线管

（1）载入线管配件

在绘制线管前需首先添加线管配件（类似管道或风管的布管系统配置），否则将无法绘制完整的线管，如图 6-12 所示。

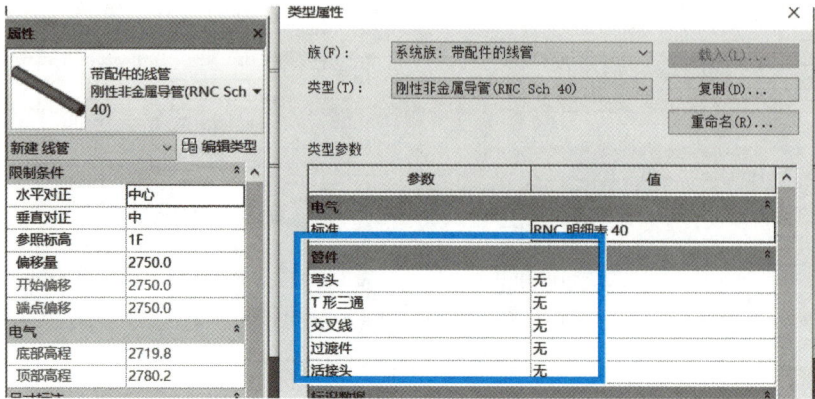

图 6-12　需添加线管配件

插入→载入族→机电→供配电→配电设备→线管配件→ RNC（非金属管配件）→选择合适的线管所需的弯头、三通、过渡件等，如图 6-13 所示。

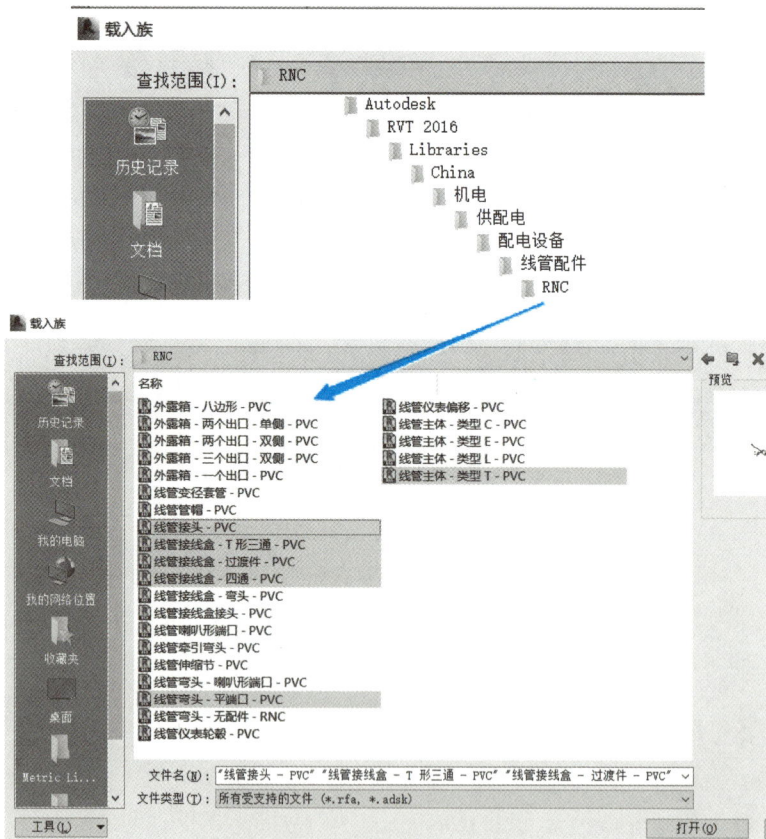

图 6-13　载入线管配件的族

（2）绘制线管

系统→电气→线管→选择"带配件的线管－刚性非金属导管"→编辑类型→选择合适的管件→直径→偏移量→应用，如图 6-14 所示。图 6-15 所示为本食堂项目的动力系统模型。

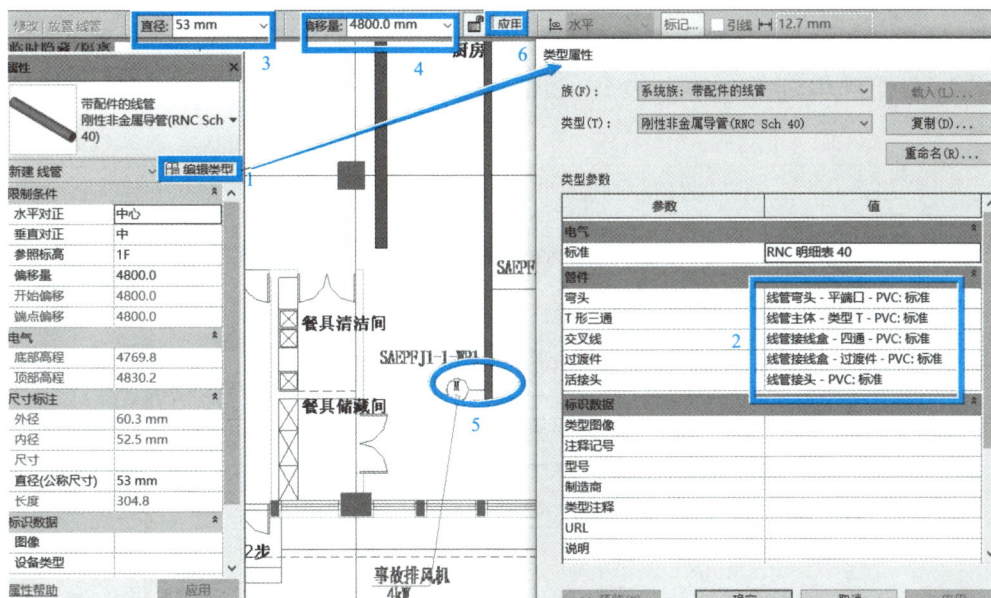

图 6-14　绘制线管

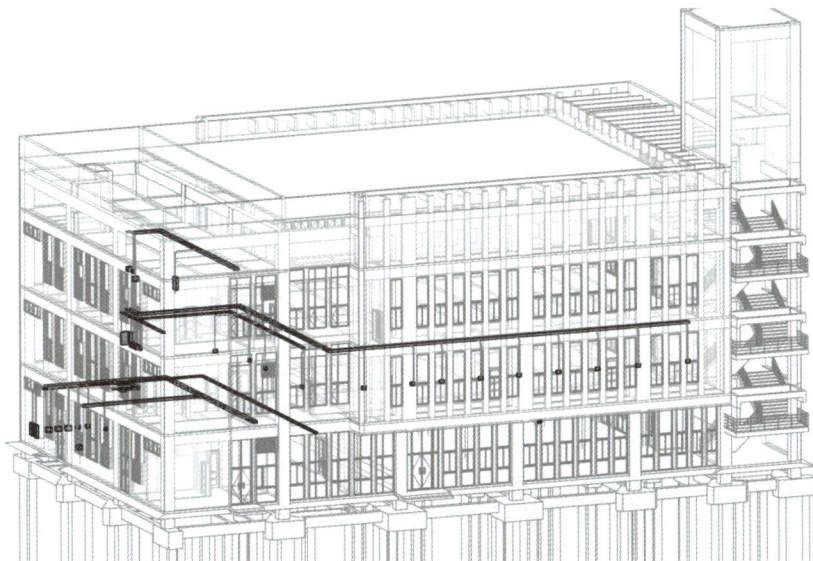

图 6-15　本食堂项目动力系统模型

6.4.4 放置灯具

先通过电气设计说明图可知灯具的安装高度如图 6-16 所示。

（1）链接 CAD 图纸，作为建模参照（图 6-17）

进入"1F- 照明"照明楼层平面视图→插入→链接 CAD →选择"1F 照明平面图"→勾选"仅当前视图"，导入单位："毫米"，定位："自动：原点到原点"→将 CAD 底图与项目轴网对齐→锁定 CAD 底图。

三基色单管荧光灯	⊢—⊣	T5-1×28W配电子式镇流器	盏	吸顶式安装
三基色双管荧光灯	⊢══⊣	T5- 2×28W 配电子式镇流器	盏	吸顶式安装
双管荧光灯(带格栅)	▦	T5-2×25W 配电子式镇流器	盏	吸顶式安装
吸顶灯	◎	节能灯1×9W配电子式镇流器	盏	吸顶式安装
壁灯	✕	节能灯9W配电子式镇流器	盏	电井内门上0.3m壁装, 应急时间30min
应急灯(自带蓄电池)	▣	2×3W(LED光源)消防专用灯具	盏	距地2.4m壁装, 应急时间30min
安全出口指示灯(自带蓄电池)	⊡E	1×3W(LED光源)消防专用灯具	盏	门框上方0.2m安装, 应急时间30min
疏散指示灯(自带蓄电池)	⊏⇒	1×3W(LED光源)消防专用灯具	盏	距地0.3m暗装, 应急时间30min
疏散指示灯(自带蓄电池)	⊏⇒	1×3W(LED光源)消防专用灯具	盏	距地0.3m暗装, 应急时间30min
双向地埋灯(自带蓄电池)	⊙⊙	1×3W(LED光源)消防专用灯具	盏	地面安装, 应急时间30min
单向地埋灯(自带蓄电池)	⊙	1×3W(LED光源)消防专用灯具	盏	地面安装, 应急时间30min

图 6-16 灯具的安装高度

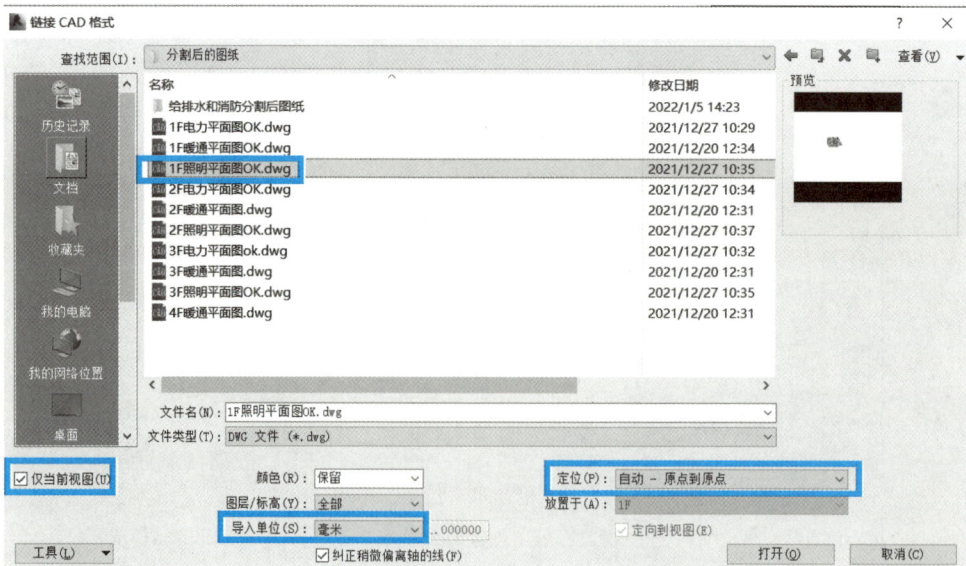

图 6-17 链接 CAD 图纸，作为建模参照

（2）载入灯具的族（图6-18）

插入→载入族→机电→照明→室内灯→选择项目要求合适的灯类型。

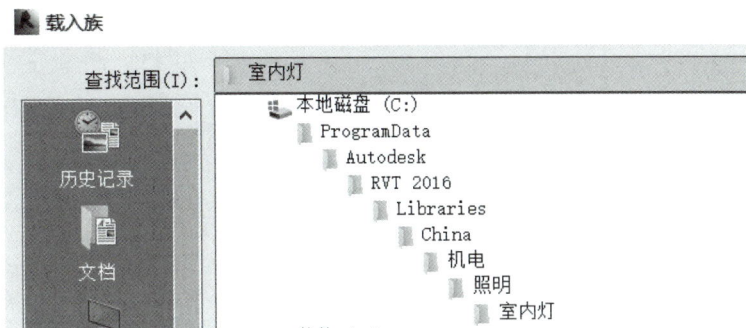

图6-18 载入灯具的族

（3）放置吸顶灯

① 创建吸顶灯工作平面（天花板平面）

项目浏览器→立面→建筑→参照平面→偏移4500mm→名称"1F天花板平面"，如图6-19所示。

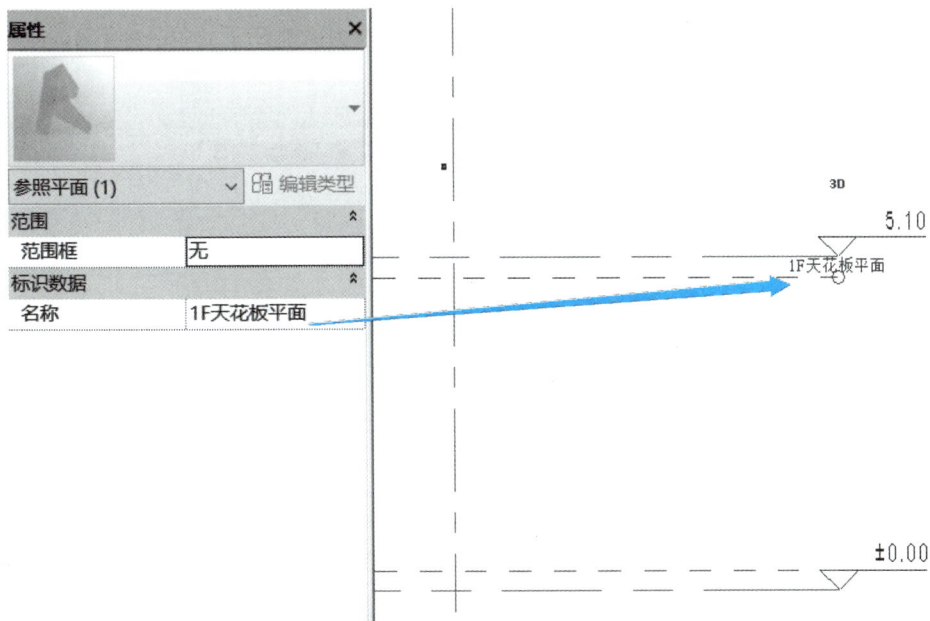

图6-19 创建吸顶灯工作平面

② 将工作平面设置为"1F天花板平面"，并将视图转至此"1F照明"楼层平面

工作平面→设置→拾取一个平面（图6-20）→点击"1F天花板平面" 视图转

至"1F-照明"楼层平面（图6-21）。

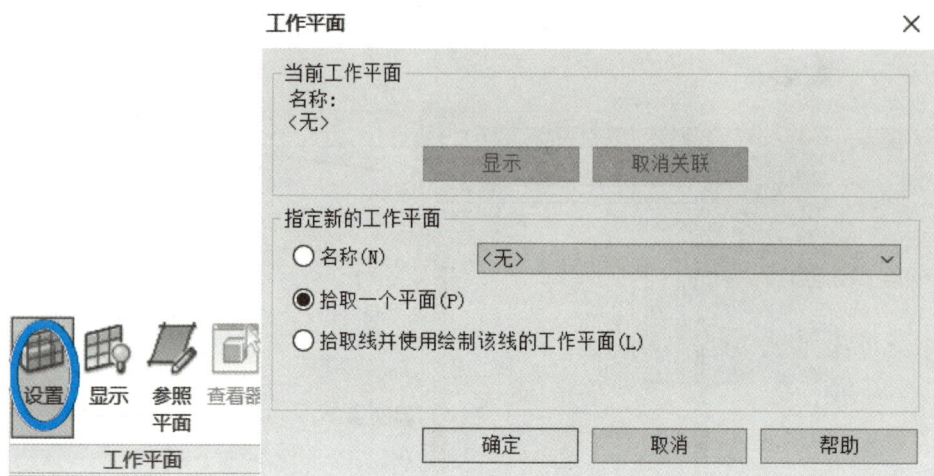

图6-20　拾取一个平面

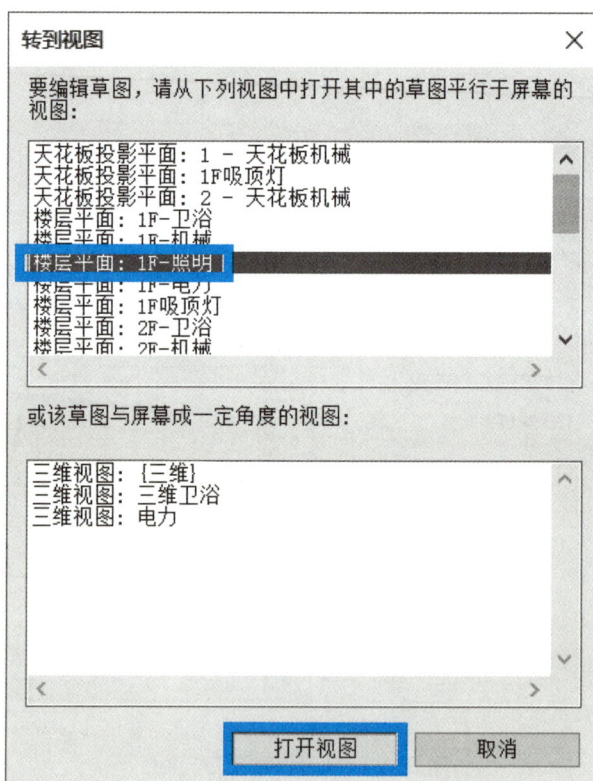

图6-21　将视图转至"1F-照明"楼层平面

③ 放置吸顶灯（图6-22）

　·　·　　　　　　　　　　　　　　　　BIM 机电建模与应用

系统→电气→照明设备→选择"环形吸顶灯"→放置在工作平面上→对照 CAD 底图放置即可。

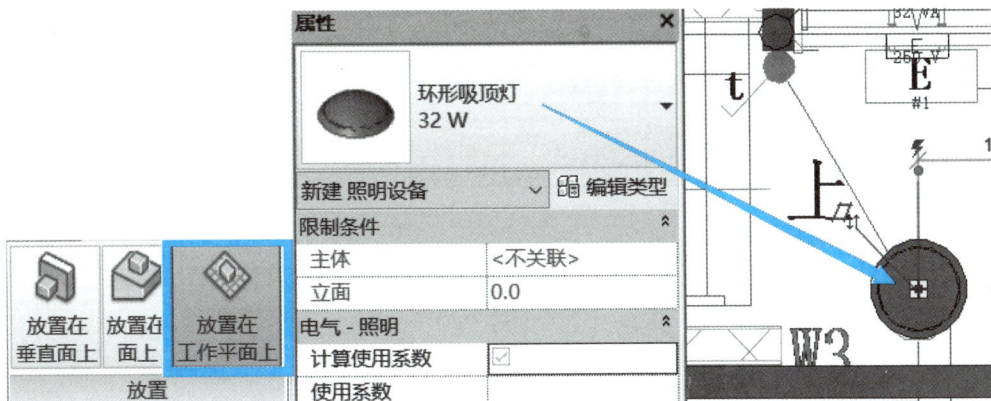

图 6-22　放置吸顶灯

【注意】：如果在放置时出现位置相反的情况，可以按空格键翻转至合适的位置。

（4）放置应急灯和疏散指示灯（图 6-23）

系统→电气→照明设备→选择"疏散指示灯"→放置在工作平面上→修改立面限制条件为"2400mm"，再按 CAD 底图的位置依次放置即可。

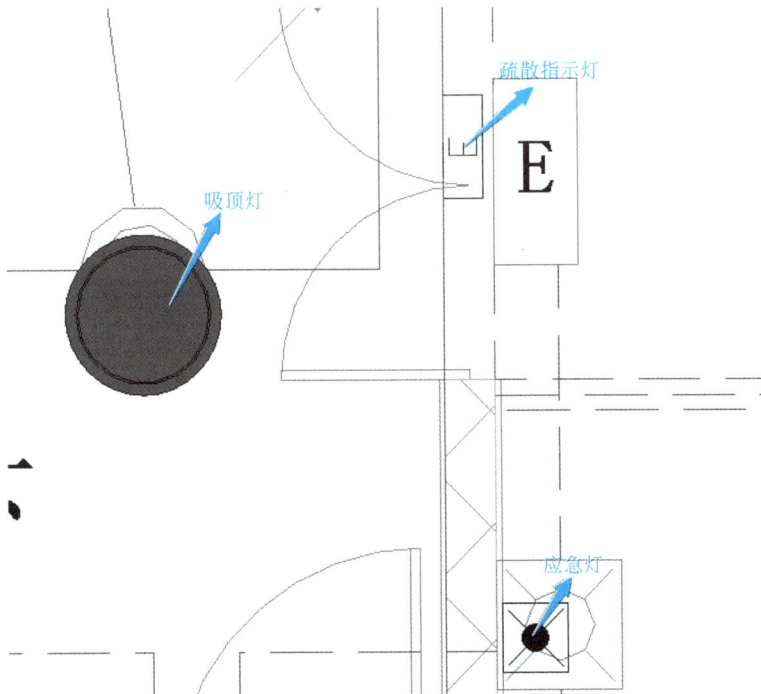

图 6-23　放置应急灯和疏散指示灯

6.4.5　放置开关插座

通过电气设计说明图可知插座和开关的安装高度如图 6-24 所示。

单相挂式空调插座(安全型)	⏚ᴷ	250V, 16A	个		距地1.8m暗装
单相二三孔安全型插座	⏚	250V, 10A	个		距地0.3m暗装
空调插座(安全型)	⏚ᴷ	250V, 10A	个		距地1.8m暗装
单联单控开关	⌐	250V, 10A	个		距地1.3m
二联单控开关	⌐	250V, 10A	个		距地1.3m
三联单控开关	⌐	250V, 10A	个		距地1.3m
声光控开关感应开关	⌐↑	250V, 10A	个		距地1.3m
防水单联单控开关	⌐	250V, 10A	个		距地1.3m
防水二联单控开关	⌐	250V, 10A	个		距地1.3m

图 6-24　插座和开关的安装高度

（1）载入插座的族（开关族同法）（图 6-25）

插入→载入族→机电→供配电→终端→插座→选择合适的插座类型。

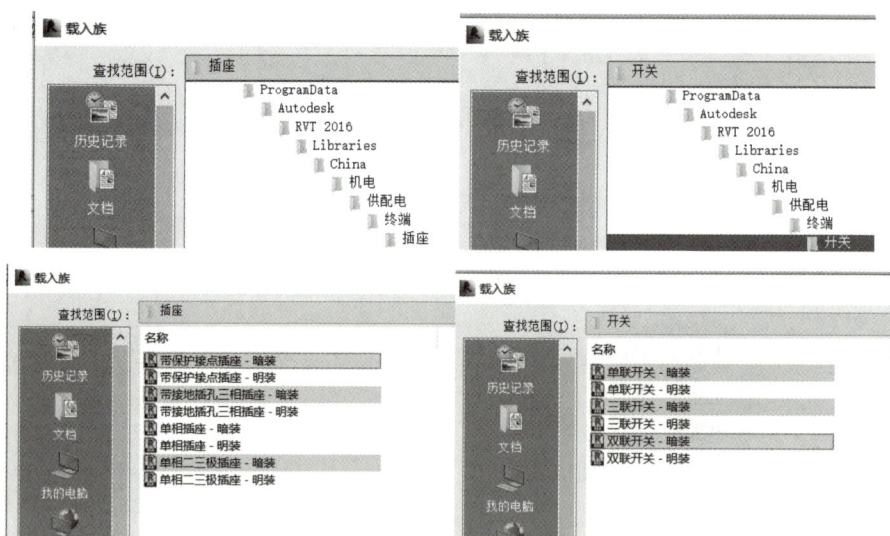

图 6-25　载入插座和开关的族

（2）放置开关（图 6-26）

系统→模型→构件→属性选择"双联开关－安装－单控"→立面：1300mm→放置在 CAD 底图对应的地方，如图 6-26 所示。图 6-27 所示为食堂项目的电气模型，包括由电缆桥架、线管、配电箱组成的动力模型和由照明灯具、开关灯组成的照明模型。

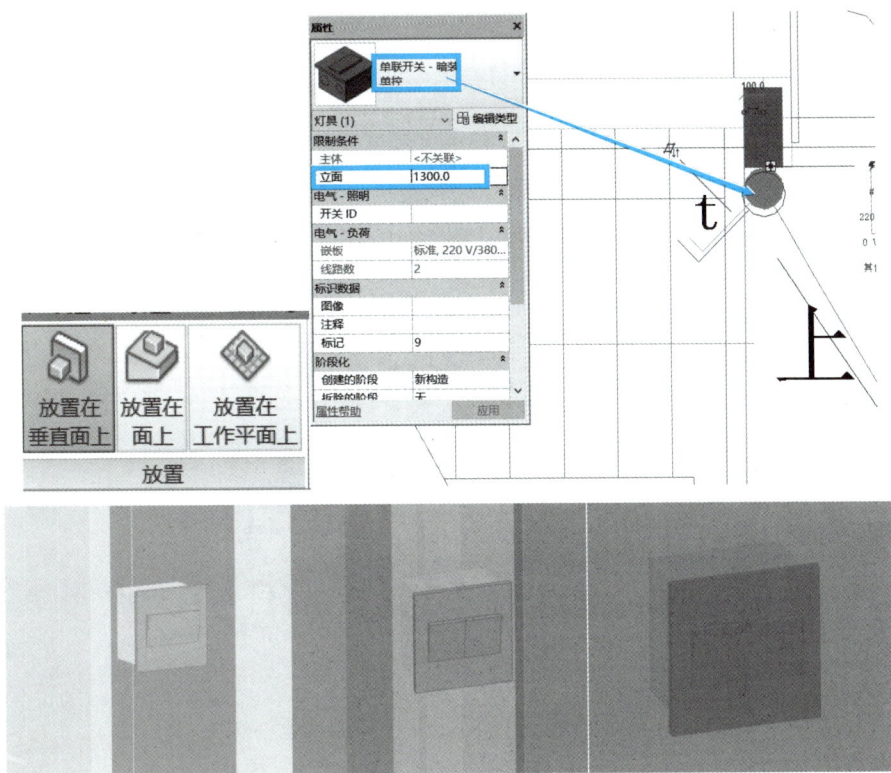

属性 ✕

单联开关 - 暗装
单控

灯具 (1)　　　　　▾　🔲 编辑类型

限制条件
主体　　　　　　<不关联>
立面　　　　　　1300.0
电气 - 照明
开关 ID
电气 - 负荷
嵌板　　　　　　标准, 220 V/380...
线路数　　　　　2
标识数据
图像
注释
标记　　　　　　9
阶段化
创建的阶段　　　新构造
拆除的阶段　　　无
属性帮助　　　　　　应用

放置在
垂直面上　放置在
面上　放置在
工作平面上

放置

图 6-26　放置开关

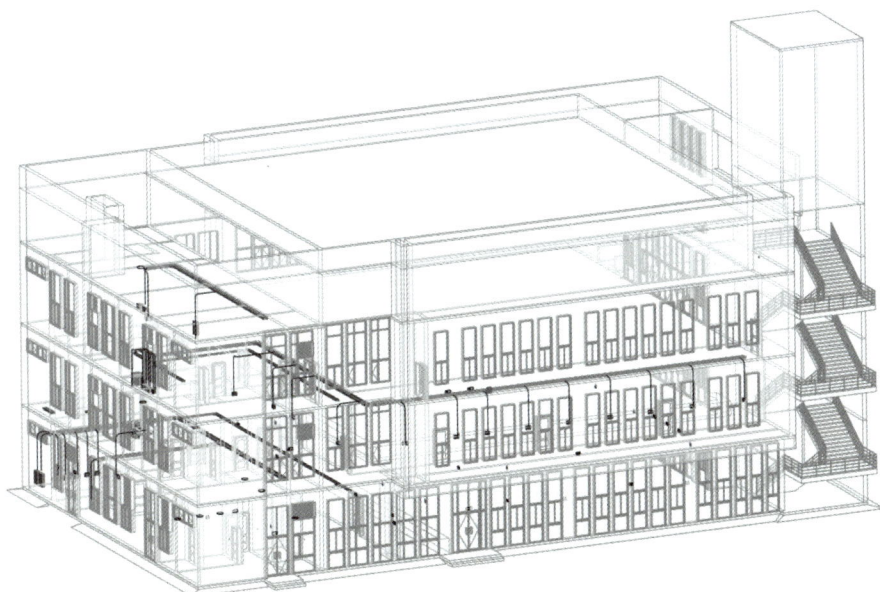

图 6-27　食堂项目电气模型

6.4.6　配置照明电力系统

配置照明电力系统也即是将照明设备给指定开关，形成电力系统。以本食堂项目 1F 的男更衣室和卫生间的 SAL1-1-W1 回路为例，具体步骤为：

（1）定义配电箱的配电系统（图 6-28）

选择照明配电箱 SAL1-1→选择配电系统"220/380Wye"。

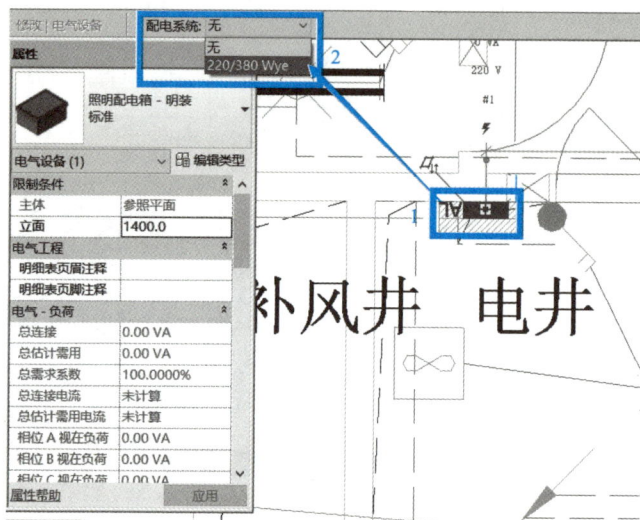

图 6-28　定义配电箱的配电系统

（2）根据回路选择灯具并创建电力系统（图 6-29）

系统→创建系统，创建电力系统。

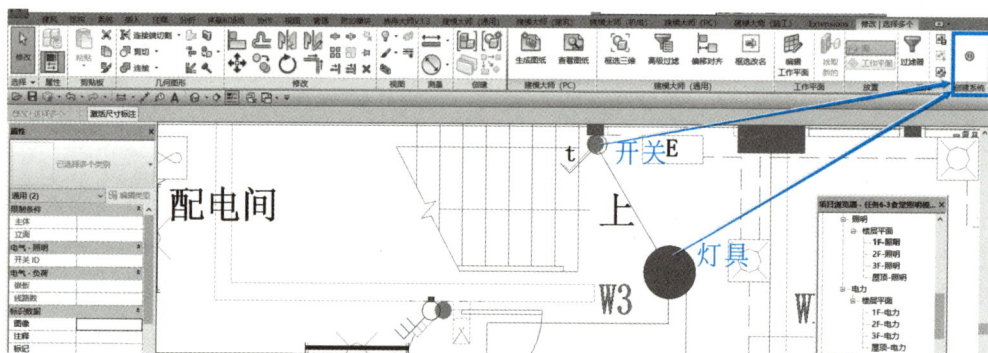

图 6-29　选择灯具并创建电力系统

（3）自动生成导线并转换为带倒角导线（图 6-30）

点击"带倒角导线"即可。

　　·　　·

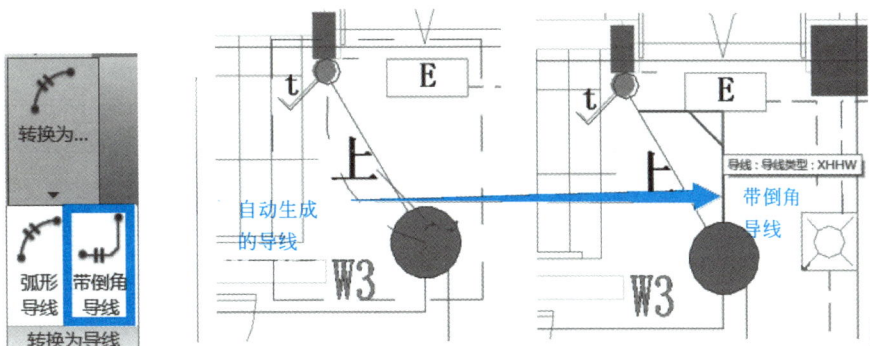

图 6-30　自动生成导线

（4）检查并修改开关和灯具的电压为 220V

选中吸顶灯→属性→编辑类型→电压由默认的 250V 改为 220V，如图 6-31 所示。

图 6-31　修改灯具的电压

选中开关→属性→编辑类型→电压由默认的 250V 改为 220V，如图 6-32 所示。

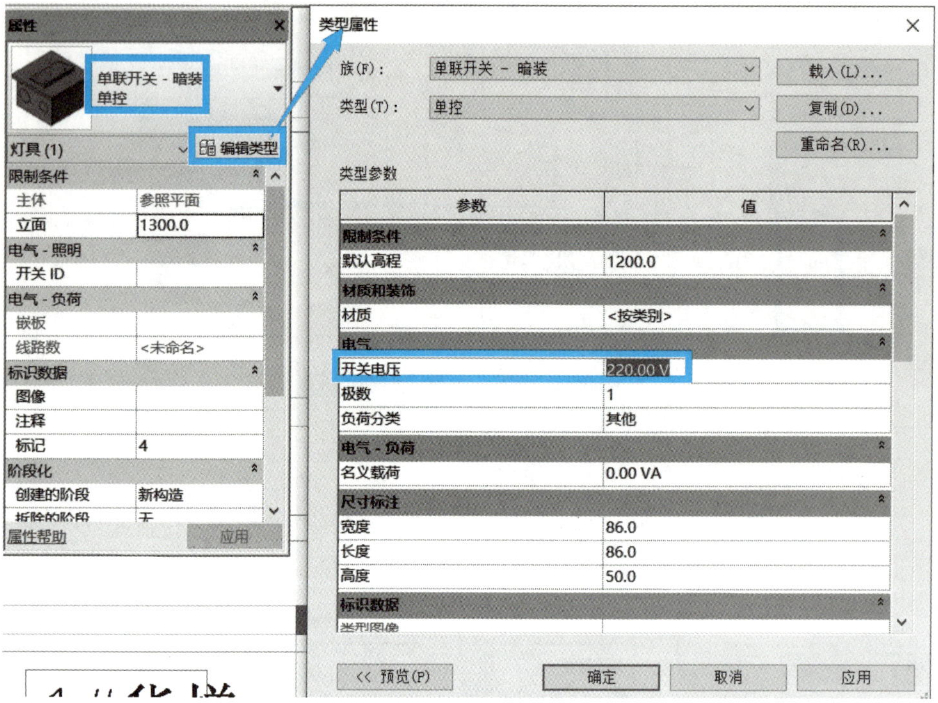

图 6-32　修改开关的电压

（5）指定电力系统（图 6-33）

选中 W3 回路中的任意灯具或开关→电路→面板→选择"标准，220/380V，三相相位，4 导线，星形"。

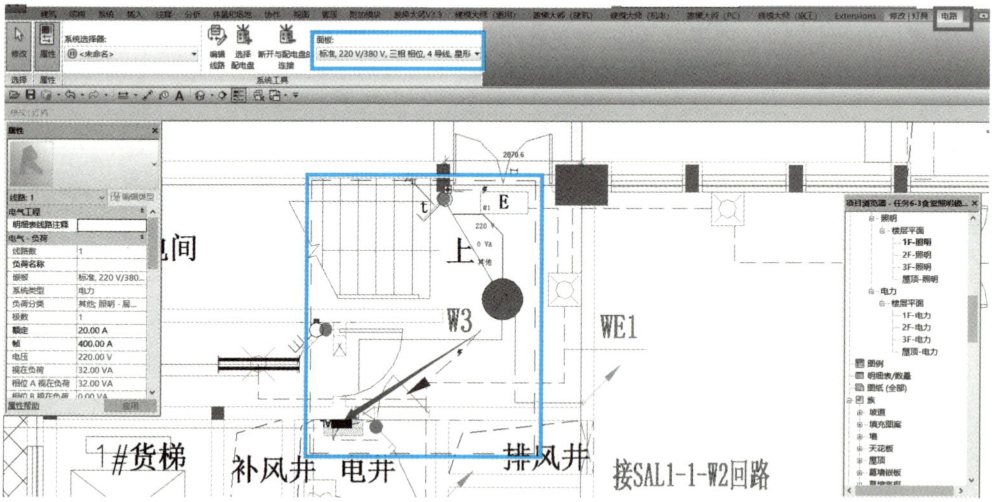

图 6-33　指定电力系统

BIM 机电建模与应用

6.5 拓展练习

根据图 6-34 创建照明模型，要求布置照明灯具、开关和配电箱，灯具高度为 3.0m，开关高度 1.5m，配电箱高度 1.5m。按照图纸对照明灯具、开关及配电箱进行导线连接，并创建配电盘明细表［2019 年第一期 1+X（BIM）职业技能等级考试初级实操试题］。

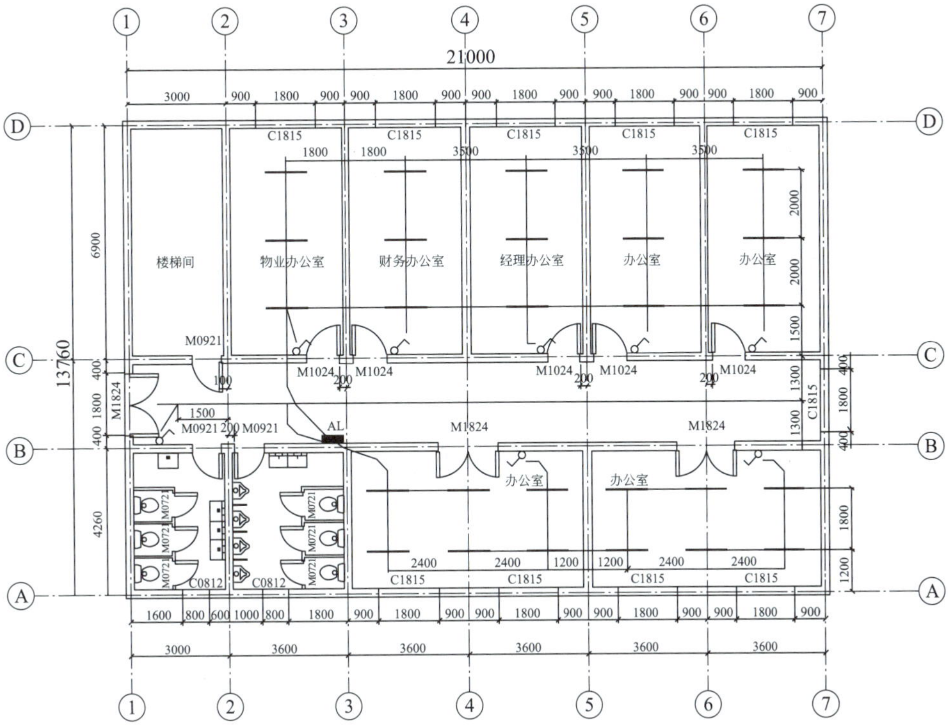

图 6-34　首层电气平面图

任务 7
碰撞检查

7.1 碰撞检查简介

微课视频
7.1

水暖电模型搭建好以后，需要进行管线综合，找出并调整有碰撞的管线。利用 Revit 的"碰撞检查"功能可以快速查找出项目图元之间或主体项目和链接模型的图元之间的碰撞并加以解决。具体步骤为：

7.1.1 选择图元

1. 直接在绘图区域选择图元

如果要对项目中部分图元进行碰撞检查，可以直接在绘图区域选择所需检查的图元。

2. 在"类别来自"选项选择图元

如果要检查整个项目中的图元，可以通过协作→坐标→碰撞检查→运行碰撞检查→类别来自，选择合适图元。如图 7-1 所示。

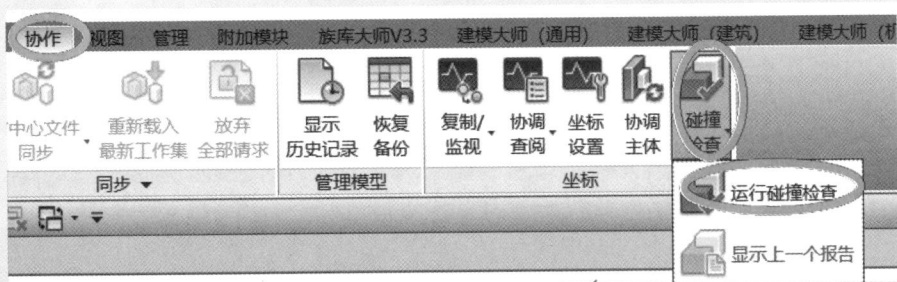

可以开展碰撞检查的图元类别有：

"当前选择"与"当前项目"之间的碰撞检查，如图 7-1 所示；

"当前选择"与"链接模型"之间的碰撞检查，如图 7-2 所示；

"当前项目"与"当前项目"之间的碰撞检查，如图 7-3 所示；

"当前项目"与"链接模型"之间的碰撞检查，如图 7-4 所示。

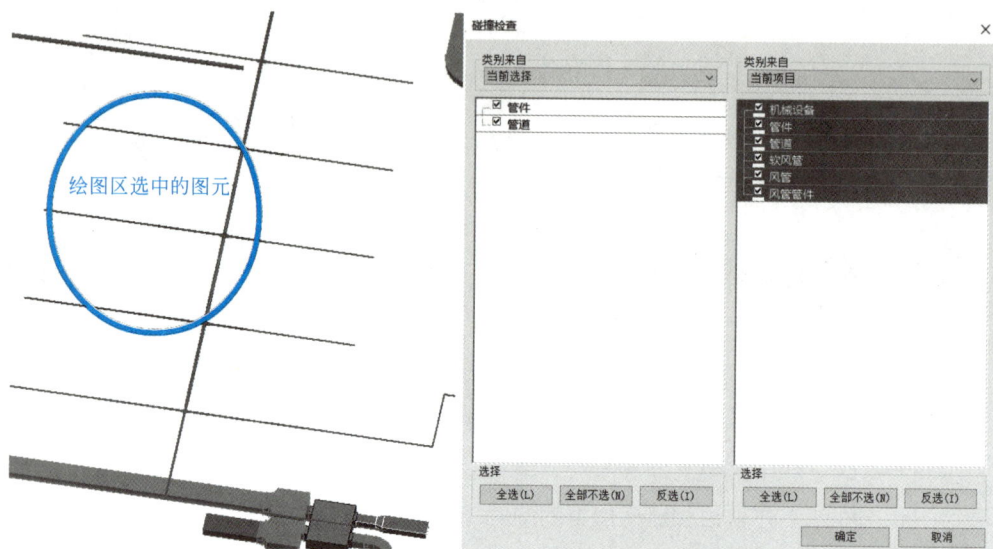

图 7-1　"当前选择"与"当前项目"之间的碰撞检查

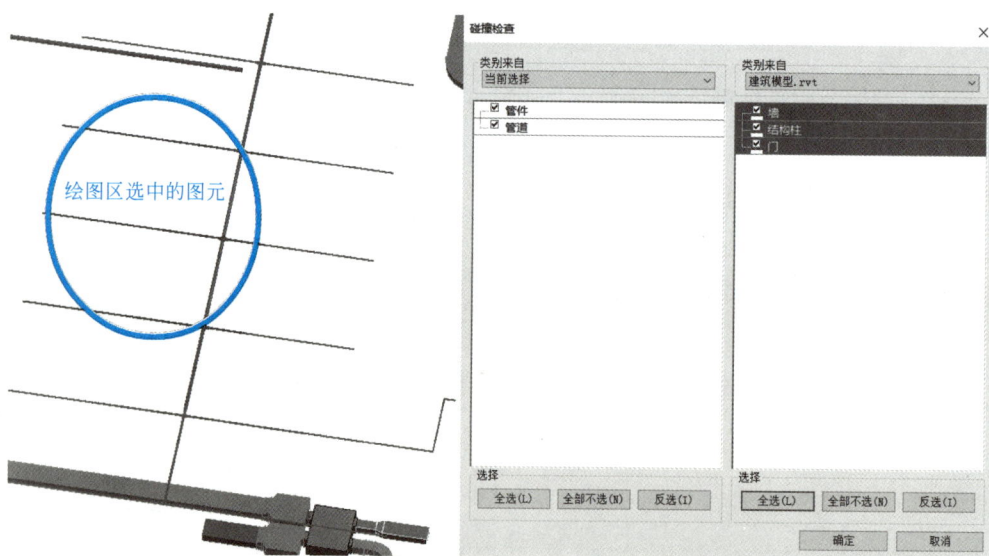

图 7-2　"当前选择"与"链接模型"之间的碰撞检查

【注意】：两个"链接模型"之间无法开展碰撞检查。即一个图元类别选择了"链接模型"后，另一个类别无法再选择其他"链接模型"。

7.1.2　选择图元类别运行碰撞检查

在"碰撞检查"对话框的"类别来自"列表中分别选择图元类别，以开展碰撞检查工作。

1.　当前项目内运行碰撞检查

如左侧"当前项目"中勾选"机械设备""管件""管道"，右侧"当前项目"中勾选"软风管""风管""风管管件"，就可以在当前同一项目文件内开展碰撞检查工作，如图 7-3 所示。

图 7-3　"当前项目"与"当前项目"之间的碰撞检查

2.　不同项目进行碰撞检查

如左侧"当前项目"中全部勾选，右侧链接的"建筑模型 .rvt"中全部勾选，就可以在机电模型和建筑模型之间开展碰撞检查工作，如图 7-4 所示。

7.1.3　检查冲突报告

碰撞检查有两种结果，一种是未检测到冲突，如图 7-5 所示；另一种是出现"冲突报告"对话框，并在其中显示冲突的图元，如图 7-6 所示。

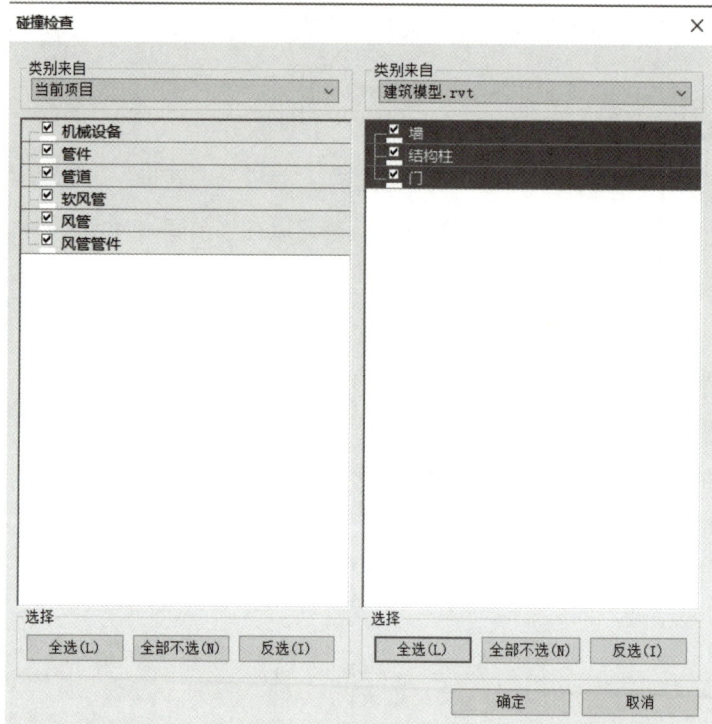

图 7-4　"当前项目"与"链接模型"之间的碰撞检查

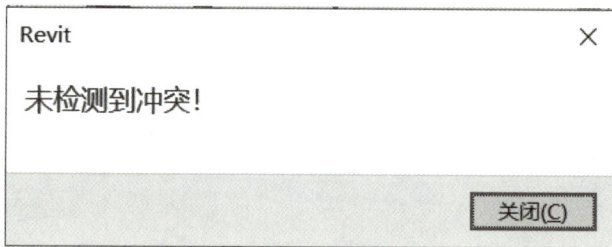

图 7-5　未检测到冲突

显示：要查看其中一个有冲突的图元，选中"冲突报告"中的图元即可在绘图区域高亮显示，如图 7-7 所示。

导出：可以生成 HTML 报告，设置文件名称及保持路径即可，如图 7-8 所示。

刷新：解决冲突后，点击"冲突报告"中"刷新"，则会从冲突列表中删除发生冲突的图元，如图 7-9 所示。

【注意】："刷新"仅重新检查当前报告中的冲突，它不会重新运行碰撞检查。

BIM 机电建模与应用

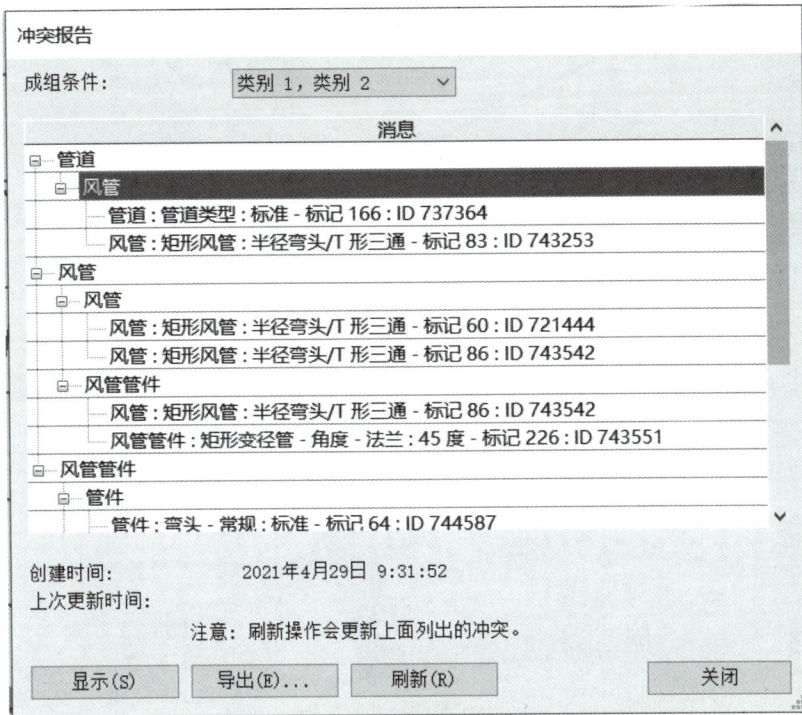

图 7-6 "冲突报告"对话框

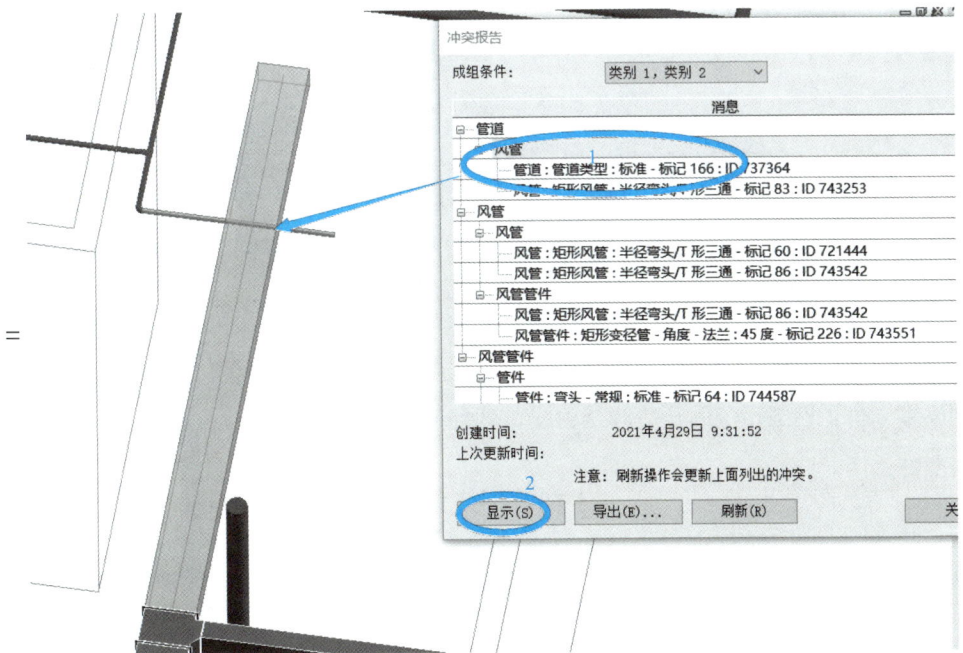

图 7-7 显示有冲突的图元

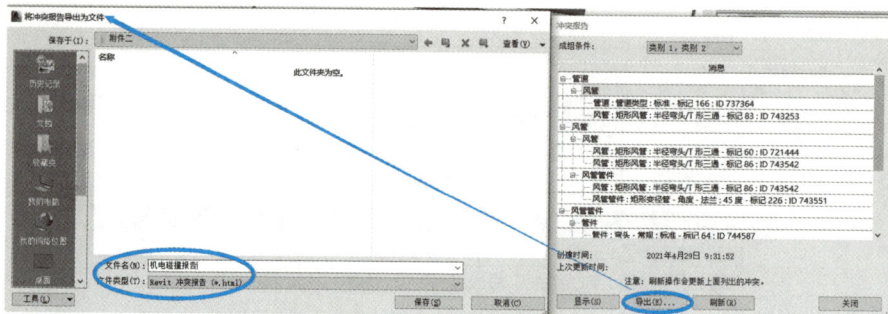

图 7-8　导出冲突报告

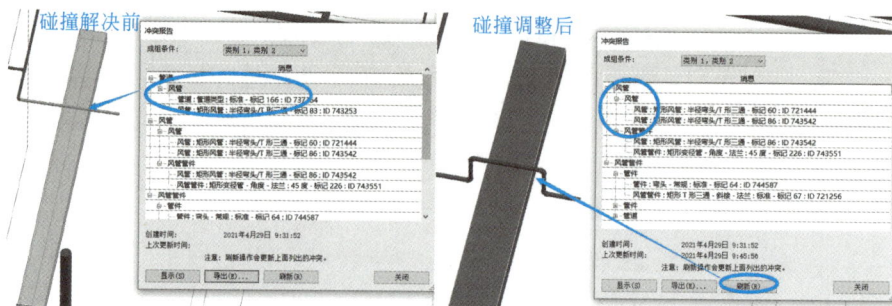

图 7-9　刷新冲突报告

7.2　碰撞优化技巧

微课视频
7.2-1

微课视频
7.2-2

7.2.1　技巧 1- 提前布局

在管线综合优化之前，要有一个大概
的管线空间布局，要知道大概的安装空间高度是多少、最终管线
安装完成面高度是否符合天花设计高度，了解每个系统大概的空
间高度。有了这些定位后开始调整管线，就会减少许多不必要的
重复性工作。

微课视频
7.2-3

7.2.2　技巧 2- 分专业检查机电系统模型

（1）水管

① 管道系统是否完整？管道信息标注是否正确？

一般会有生活给水、雨水、排水、消火栓、喷淋、空调冷凝水管等。

② 平面图和系统图是否能对上？管道编号是否对应？

③ 管道排布位置是否合理？

不能平行位于桥架正上方，不能穿越风井，不能进入电气用房，如高低压配电房、控制室、电梯机房等。

④ 管道翻弯时尽量上翻。

因为下翻会产生积水、存渣，及时安装泄水阀，水排往何处也是个问题。

⑤ 暖通水管贴梁底布置时，需考虑预留保温厚度。

（2）风管

① 风管系统是否完整？风管信息标注是否正确？

一般会有送风、回风、排风、新风、防排烟、厨房油烟、预留风管等。

② 平面图和系统图是否能对上？管道编号是否对应？

③ 注意风口位置，下送风还是侧送风？不能遮挡风口。

④ 高低压配电房内的风管不要位于配电柜等电气设备的正上方。

⑤ 风机房平面图与大样图是否相符？

⑥ 风管往往体积最大，对管线综合影响最大，因此通常对风管进行压扁处理，但风管宽高比以不大于 4 为宜。

（3）电缆桥架

① 电力系统是否完整？桥架信息标注是否正确？

如强电桥架、消防桥架、通信桥架、母线槽等。

② 桥架翻弯尽量采用 45° 斜角弯。

③ 母线槽尽量不要翻弯。

因为母线槽弯头需要定制，成本代价高。

④ 为避免电磁场效应，必须保证强电桥架不能进入弱电间。

⑤ 多层桥架之间排布，上下层桥架之间净距离保持在 250mm 以上。

⑥ 强电和弱电桥架共架时，强弱电桥架不小于 300mm 为宜，同种桥架之间间距控制在 50~100mm。

7.2.3　技巧 3- 检查机电系统与土建模型

（1）留洞检查

① 机电管线穿剪力墙、楼板是否留洞？

② 留洞位置、尺寸是否满足要求？

留洞位置应避开梁、柱、楼梯等，不能影响建筑使用功能；留洞尺寸一般要比管线大，特别要注意风口留洞。

③ 梁上留洞是否满足规范要求？

管线位于梁体中部 1/3 处最好，即管中线与梁中线最好重合，管洞上下距梁顶底距离不小于 1/3 梁高。

（2）管井核查

① 管井内是否有梁？

一般情况下管井内不会有梁，尤其是风井内。

② 梁是否会与机电管线冲突？

主要是立管穿梁情况。

③ 桥架、母线槽、水管在管井内会贴墙安装，但要注意此墙是否贴梁边沿。

防止出现管线避梁翻弯情况。

（3）净高核查

① 坡道、设备运输通道是否满足净高要求？

② 管线密集处是否满足净高要求？

③ 大管线经过区域是否满足净高要求？

④ 重力排水管道经过区域是否满足净高要求？

⑤ 机电管线经过楼梯间是否满足净高要求？

（4）防火卷帘核查

① 梁下、柱帽下净高是否满足卷帘安装高度要求？

② 是否存在梁下与卷帘之间预留管线安装空间不足的情况？

③ 是否存在防火卷帘高度不满足净高要求的情况？

④ 是否存在机电管线设计在卷帘里面的情况？

（5）门高核查

① 是否存在门高超出层高、坡道下门高超出坡道下净高等情况？尤其是在夹层、坡道下方。

② 是否存在电梯门超出层高、预留电梯门洞净高不足等情况？尤其在夹层。

③ 梁下、柱帽下净高是否满足门安装高度要求？

④ 是否存在梁下与门之间预留管线安装空间不足的情况？

（6）风井吊板、双层板核查

① 吊板预留空间是否满足风管尺寸要求？

② 双层板预留空间是否满足风管尺寸要求？

③ 双层板下方管线综合排布后是否满足净高要求？

④ 风管穿吊板、双层板是否留洞？

⑤ 暖通、结构、建筑三专业图纸是否都有标注且标注一致？

（7）空调机位吊板

① 空调机位吊板位置设置是否合理？

② 机电管线穿空调机吊板是否留洞？

7.3 碰撞检查、优化设计原则

管线综合、设计优化的避让原则：

（1）大管优先

因为小管道造价低易安装，且大截面、大直径的管道，如空调通风管道、排水管道、排烟管道等占据的空间较大，在平面图中先作布置。

（2）有压让无压

无压管道，如生活污水、粪便污水排水管、雨水排水管、冷凝水排水管等都是靠重力排水，因此，水平管段必须保持一定的坡度，是顺利排水的必要和充分条件，所以在与有压管道交叉时，有压管道应避让。

（3）低压管避让高压管

因为高压管造价高。

（4）金属管避让非金属管

因为金属管较容易弯曲、切割和连接。

（5）冷水避让电气

因为冷水管道垂直下方不宜布置电气线路。

（6）电气避让热水

因为热水管道垂直下方不宜布置电气线路。

（7）消防水管避让冷冻水管

因为冷冻水管有保温要求，有利于满足工艺和控制造价。

（8）强弱电分设

因为弱电线路易受强电线路强磁场的干扰。

（9）附件少的管道避让附件多的管道

这样有利于施工和检修，方便更换管件。各种管线在同一处布置时，应尽可能做到呈直线、互相平行、不交错，还要考虑预留出施工安装、维修更换的操作距离，以及设置支吊架的空间等。

7.4 修改同一标高管道间的碰撞

当同一标高管道间发生碰撞时，如图 7-10 所示，可以对管道进行翻弯处理，具体方法为：

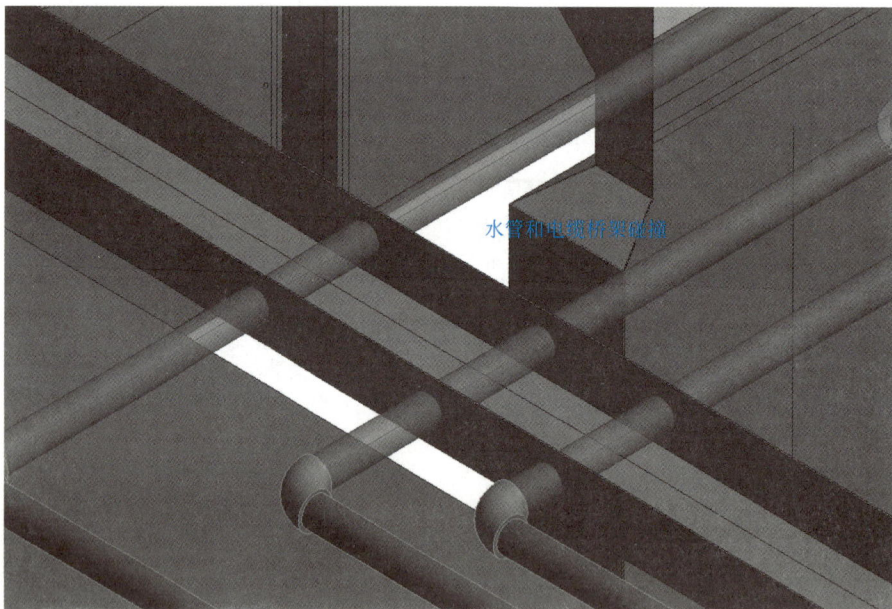

图 7-10 同一标高管道碰撞

（1）选中管道，拆分管道，如图 7-11 所示；

（2）删除拆除后中间的管道，如图 7-12 所示；

（3）绘制管道，并修改偏移量为 3600mm，如图 7-13 所示，会自动生成立管和偏移量为 3600mm 的水平管，再修改偏移量为 3500mm 与原来的管道相连，最后翻弯成如图 7-14 所示的样子。

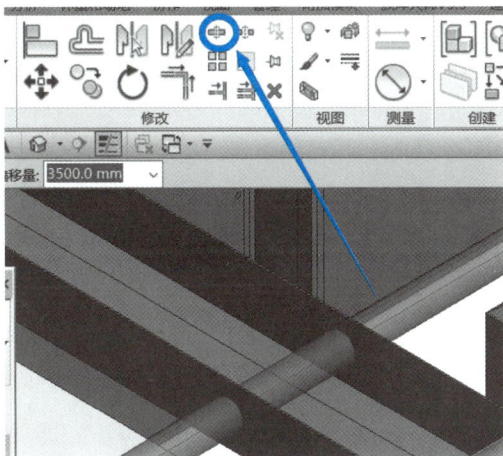

图 7-11 选中管道并拆分

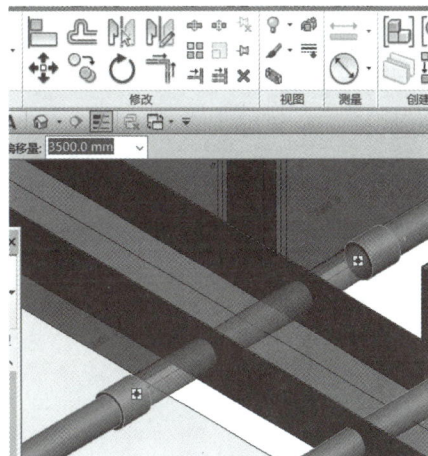

图 7-12 删除拆除后中间的管道

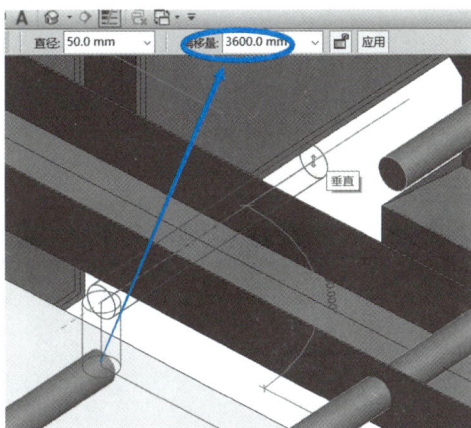

图 7-13 修改偏移量绘制管道

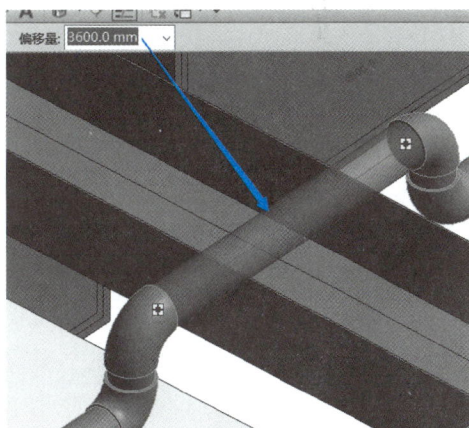

图 7-14 翻弯后的管道

7.5 拓展练习

打开"机电综合模型.rvt"项目文件，运用软件自带的碰撞检测功能对模型进行碰撞检测，并根据专业优化原则进行模型优化，最后以"机电综合优化模型＋考生姓名.rvt"为文件名保存到考生文件夹。要求：

1）对模型进行碰撞检测（只对机电系统内部检查），并导出碰撞报告，以"机电综合模型碰撞报告＋考生姓名.html"为文件名保存。

2）对碰撞报告中出现的碰撞点根据调整原则进行解决，确保模型达到零碰撞。

3）对管道和桥架穿墙处加穿墙洞，圆形预留洞与管外壁间隙 50mm，方形预留洞为管线长短边各大 100mm［2019 年第一期 1+X（BIM）职业技能等级考试中级建筑设备方向试题］。

任务 8

工程量统计和图纸设置

在 Revit 中可以创建各种类型的明细表进行工程量的统计，在明细表中修改参数，可将修改结果反映到项目文件中。

在 Revit 中可以快速将不同的视图和明细表放置在同一张图纸中，从而形成施工图，除此之外，Revit 形成的施工图能够导出为 CAD 格式文件，与其他软件实现信息交换。

8.1　工程量统计

微课视频
8.1

在 Revit 中通过创建各种类型的明细表，可以达到统计指定类型工程量的目的。在项目文件中创建明细表，可以获取各种类型的项目信息，本节介绍创建和编辑明细表的操作方法。

8.1.1　创建明细表

（1）新建明细表

视图→明细表→明细表/数量（图 8-1）→过滤器列表："管道"→管道→管道明细表→确定（图 8-2）。

（2）添加字段

管道明细表的字段一般包括：类型、系统类型、直径、材质、长度。

选择"类型"等字段→添加→通过"上移"/"下移"调整字段在明细表中的位置→确定（图 8-3）。

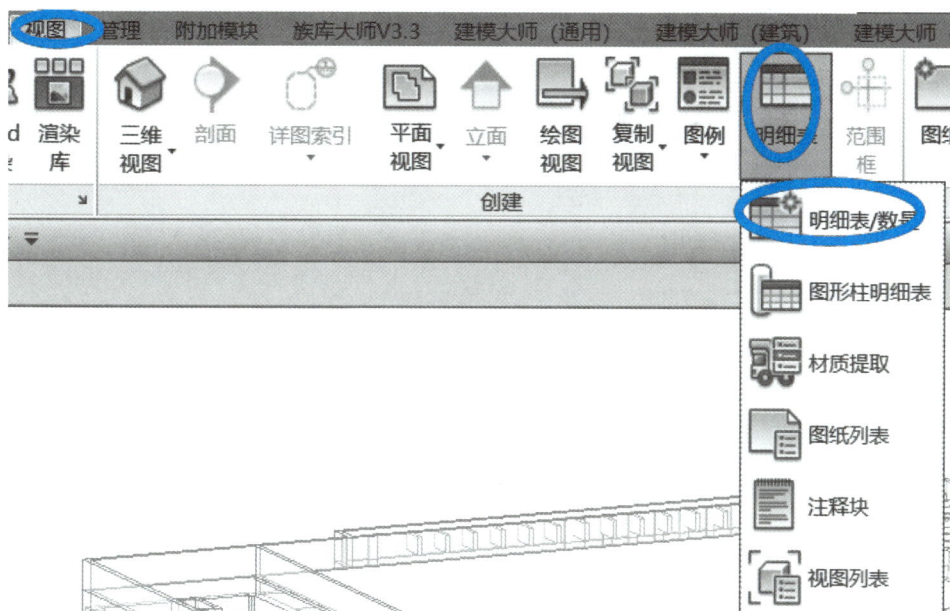

图 8-1　明细表 / 数量

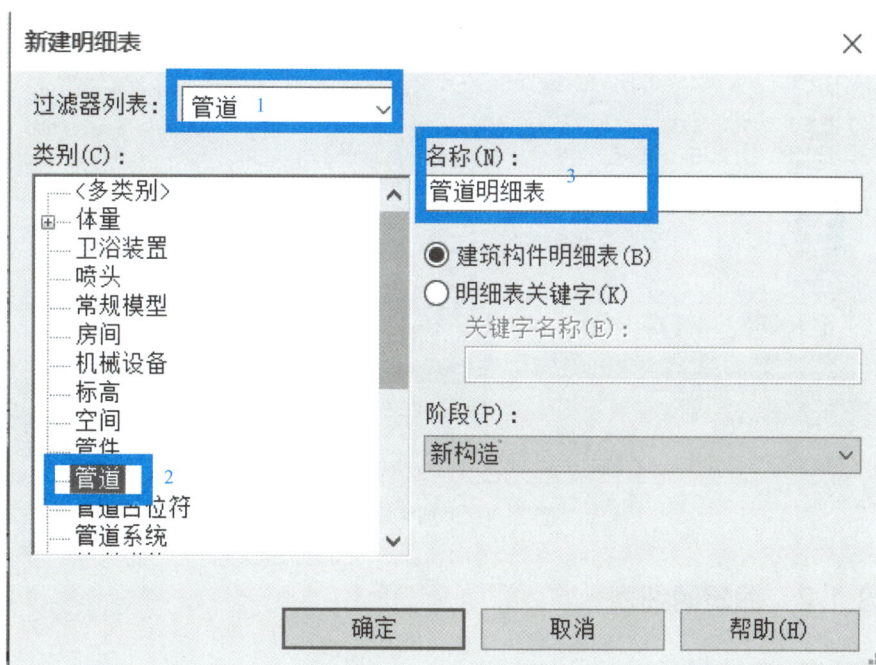

图 8-2　新建明细表

（3）添加字段参数

如果已有的字段中没有如"材质"等字段，可按如图 8-4 所示添加字段参数。

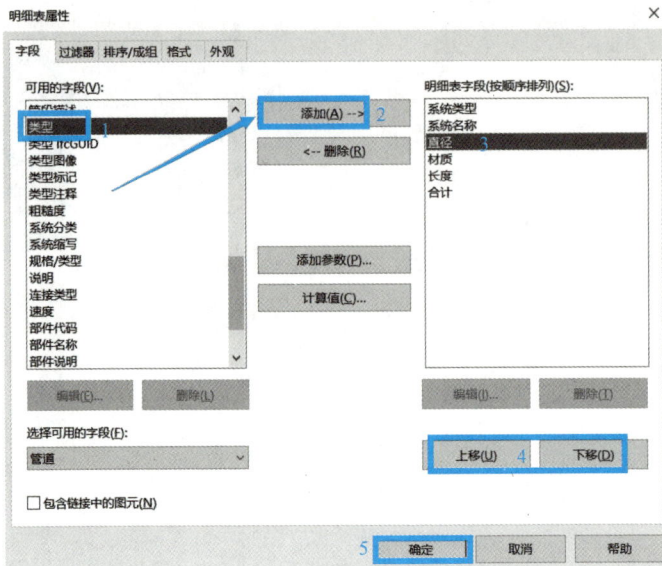

图 8-3　添加字段

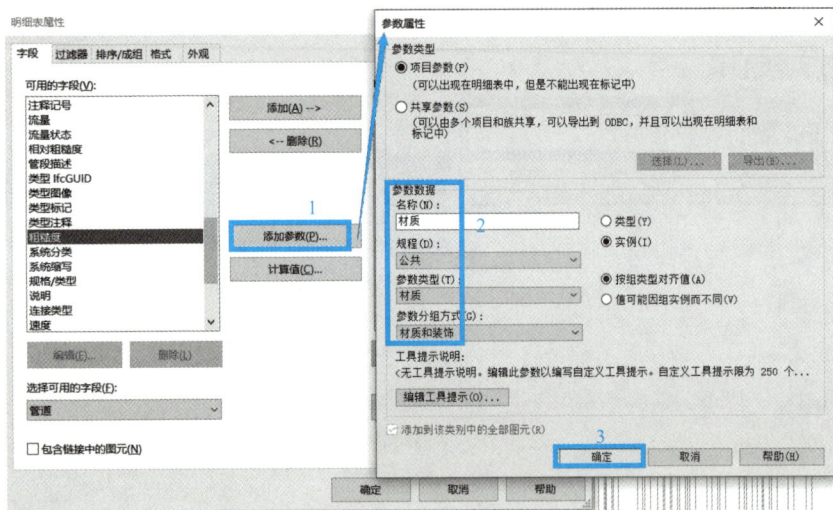

图 8-4　添加字段参数

8.1.2　编辑明细表

（1）排序 / 成组

若需将管道明细表按系统类型、直径设置成组，则操作方法为：排序方式为"系统类型"→否则按"直径"→勾选"总计：标题、合计和总数"→取消勾选"逐项列举每个实例"→确定，如图 8-5 所示。

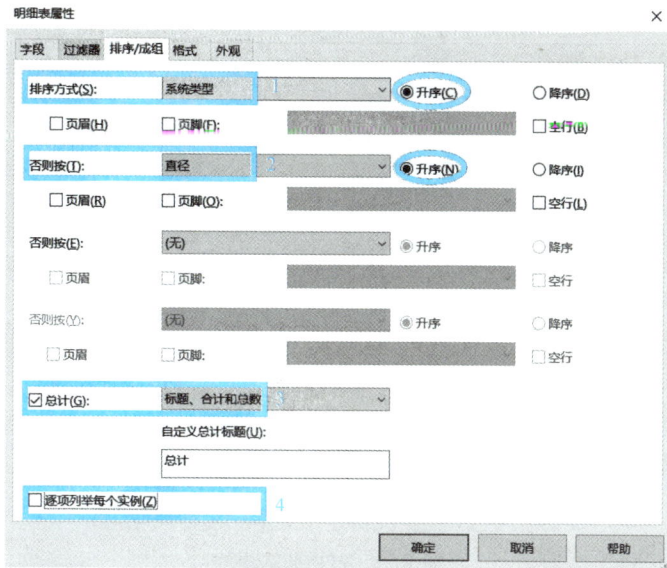

图 8-5　排序 / 成组选项卡

（2）格式

若需将管道明细表成组后，按"长度"计算总数，则操作方法为：

格式→点击"长度"字段→字段格式中勾选"计算总数"→确定，如图 8-6 所示。

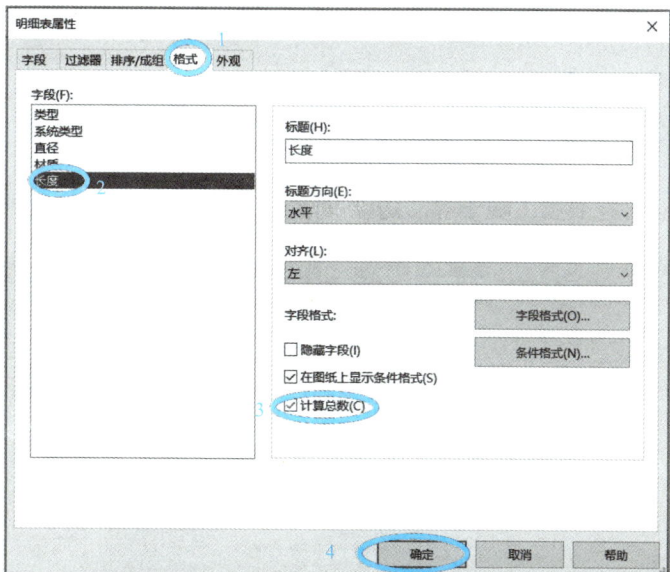

图 8-6　格式选项卡

最终出来的管道明细表如图 8-7 所示。其他风管明细表和电气桥架明细表的创建同管道明细表。

＜管道明细表＞

A	B	C	D	E
类型	系统类型	直径	材质	长度
J给水-PPR	J给水管	15.0 mm	PPR管	29162
J给水-PPR	J给水管	20.0 mm	PPR管	582
J给水-PPR	J给水管	25.0 mm	PPR管	80867
J给水-PPR	J给水管	32.0 mm	PPR管	48038
J给水-PPR	J给水管	40.0 mm	PPR管	4453
J给水-PPR	J给水管	50.0 mm	PPR管	53948
J给水-PPR	J给水管	70.0 mm	PPR管	58252
P排水管-U	P排水管	32.0 mm	PVC-U	3585
	P排水管	50.0 mm		15566
P排水管-U	P排水管	75.0 mm	PVC-U	14736
	P排水管	80.0 mm		2221
	P排水管	100.0 mm		81095
	P排水管	150.0 mm		186435
XH消火栓	XH消火栓	70.0 mm	铁，铸铁	138307
XH消火栓	XH消火栓	150.0 mm	铁，铸铁	188495
ZP自动喷	ZP自动喷	20.0 mm	钢，碳钢	69662
ZP自动喷	ZP自动喷	25.0 mm	钢，碳钢	358055
ZP自动喷	ZP自动喷	32.0 mm	钢，碳钢	245513
ZP自动喷	ZP自动喷	40.0 mm	钢，碳钢	174123
ZP自动喷	ZP自动喷	50.0 mm	钢，碳钢	150098
ZP自动喷	ZP自动喷	70.0 mm	钢，碳钢	30725
ZP自动喷	ZP自动喷	80.0 mm	钢，碳钢	77033
ZP自动喷	ZP自动喷	100.0 mm	钢，碳钢	26302
ZP自动喷	ZP自动喷	125.0 mm	钢，碳钢	189592
总计：1554				2226845

图 8-7　管道明细表

8.1.3　导出明细表

（1）导出明细表为 .xlsx 格式

应用程序菜单→导出→报告→明细表（图 8-8）→生成"管道明细表 .txt"文件→打开并复制"管道明细表 .txt"的内容→粘贴至 .xlsx，并保存。

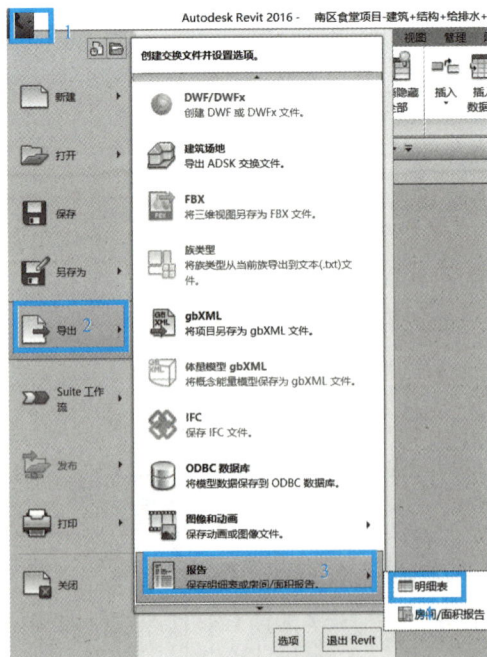

图 8-8　导出明细表

（2）导出明细表为 DWG 格式

视图→图纸→将"管道明细表"拖进 Revit 图纸中，将图纸导出为 DWG 格式文件，即可。

8.2 施工图出图

微课视频
8.2

8.2.1 图纸设计

1. 水专业出图

需对水（给排水、消防、喷淋）专业模型中的给排水管道、消防管道、喷淋管道等管道和防水套管、阀门等管路附件进行标注。

2. 暖专业出图

需对暖通模型中风管的尺寸和高度、管道的直径和高度、散热器的组数、风道末端和机械设备等进行标注。

3. 电专业出图

需给电气模型中的线管线路添加注释文字；对灯具、开关、插座进行定位；给配电箱、专有配电控制箱进行注释。

8.2.2 图纸编辑

（1）修改图框大小

选中图框（原先为"A0 公制"图框）→属性→选择"A1 公制"图框，如图 8-9 所示。

【注意】：如果没有其他图框大小可以选择，则可以在先载入图框的族，如图 8-10 所示。

（2）修改图纸名称、审核者、设计者、审图员等信息

选中图框→属性→直接修改以上信息即可，如图 8-11 所示。

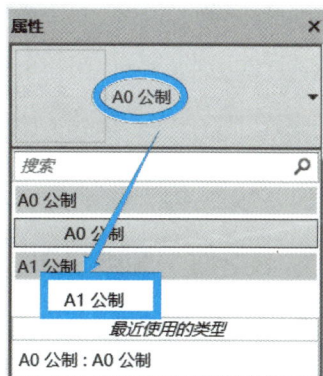

图 8-9 修改图框大小

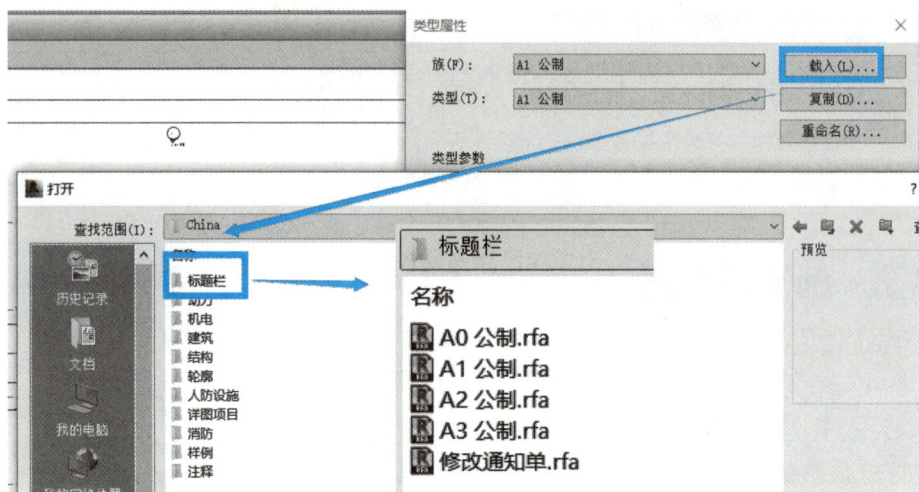

图 8-10 载入图框的族

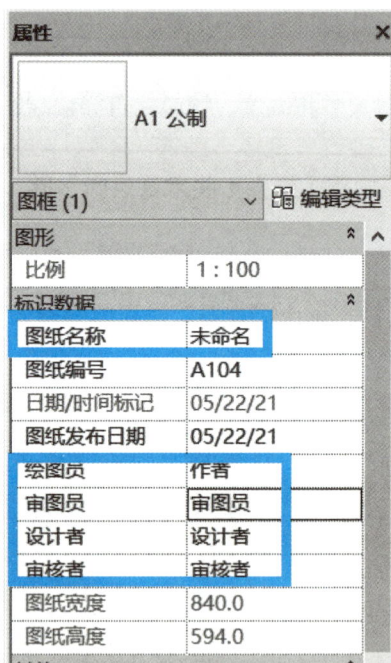

图 8-11 修改图纸属性信息

8.2.3 图纸打印

图纸布置完成后，可直接打印图纸视图，或将指定的视图或图纸导出成 CAD 格式，用于成果交换，如图 8-12 所示。

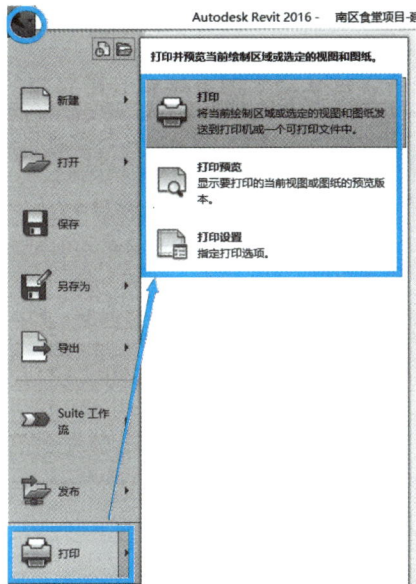

图 8-12　图纸打印

（1）打印设置及打印图纸

首先对纸张尺寸、页面位置、缩放、方向、矢量／光栅处理、外观、隐藏等进行打印设置，如图 8-13 所示。然后进行打印，如图 8-14 所示。

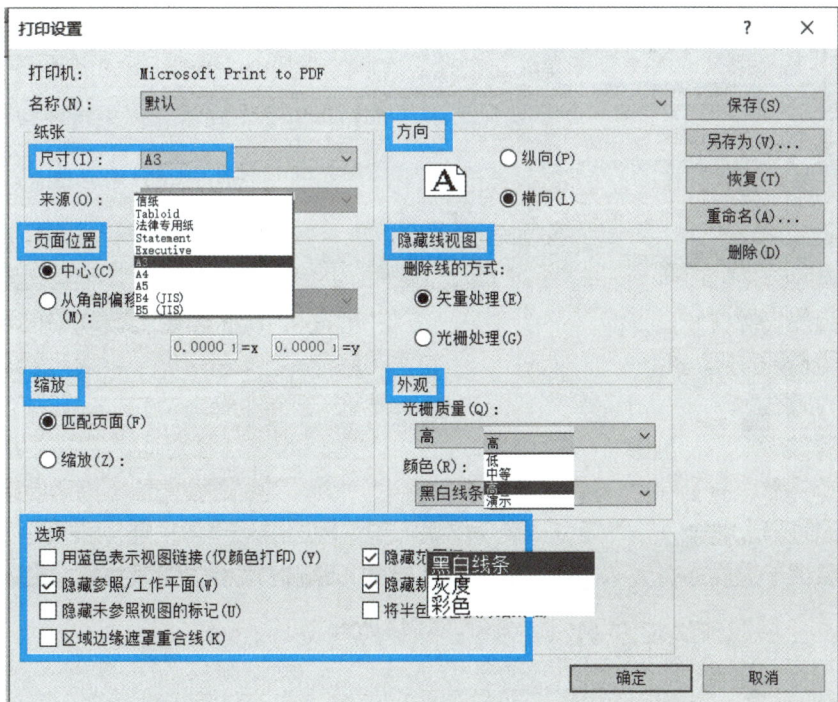

图 8-13　图纸打印设置

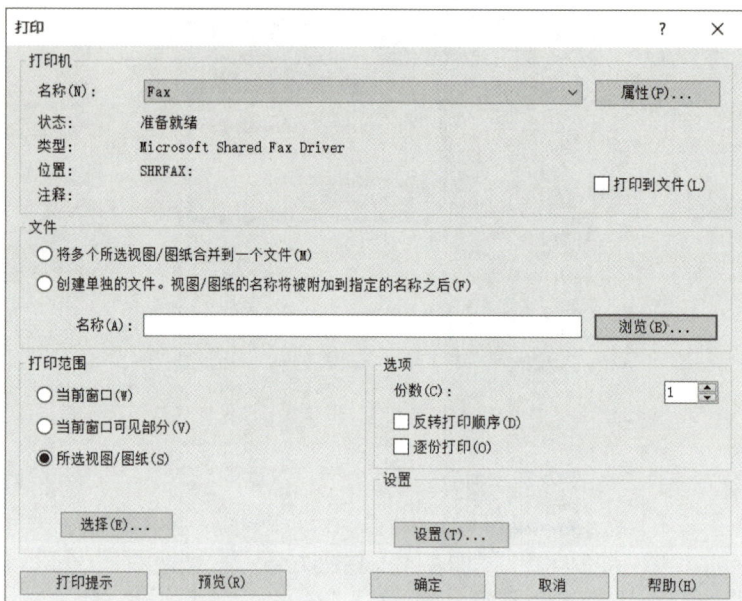

图 8-14 "打印"对话框

图 8-15 导出 DWG 文件

【注意】：矢量处理生成的打印文件通常要比光栅处理生成的打印文件小很多。矢量处理的时间因处理的视图数量和视图复杂性而异；光栅处理时间与视图尺寸标记和图形数量有关。

（2）导出 CAD 格式

Revit 中所有的平、立、剖面、三维图和图纸视图都可导出 DWG、DXF、DGN 等 CAD 式图形。虽然 Revit 不支持图层的概念，但可以设置各构件对象导出 DWG 时对应的图层，如图层、线型、颜色等均可自行设置。导出 DWG 文件的方法如图 8-15 所示。

BIM 机电建模与应用

8.3 拓展练习

1. 输出管道明细表，生成"** 明细表 + 学生姓名 . xlsx"，字段包括：类型、系统类型、直径、材质、长度，按系统类型、直径设置成组，按长度计算总数。

2. 创建"机电平面图"，使用大小合适的图框，图框内添加项目名称、出图日期设置为"2020-12-20"，图名为"动力照明平面图"，比例 1 ： 100 ［2020 年第五期 1+X（BIM）职业技能等级考试中级建筑设备方向试题］。

任务 9

Revit 机电建模操作技巧提示

9.1 建模类相关问题

9.1.1 Revit 的"管件"和"管路附件"

Revit 的"管件"是指创建管道时自动添加的弯头、三通、四通等。而"管路附件"是指阀门、仪表、过滤器等，如图 9-1 所示。

图 9-1 机电管道

"管件"和"管路附件"都是 Revit 的族，软件默认提供了一些"管件"和"管路附件"族，可以根据项目实际情况修改和增加这些族。

9.1.2 怎样自定义风管系统和管道系统的系统类型

微课视频
9.1.2

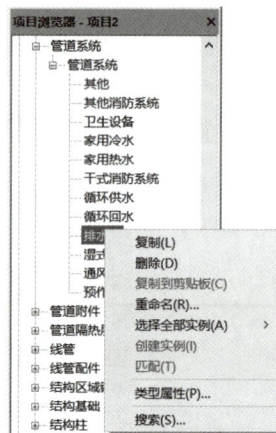

在 Revit 自带的项目样板中，风管系统和管道系统已经预设有若干系统类型，在项目浏览器中"族"列表下的"管道系统"和"风管系统"中可以看到这些系统类型，如图 9-2 所示，这些系统类型可以重命名，但不能被删除。

如果想要自定义一个系统类型，则可以在类似的系统类型上单击鼠标右键，选择"复制"，在新复制的系统类型上单击"重命名"命令，输入新的系统类型名称，如图 9-3 所示。

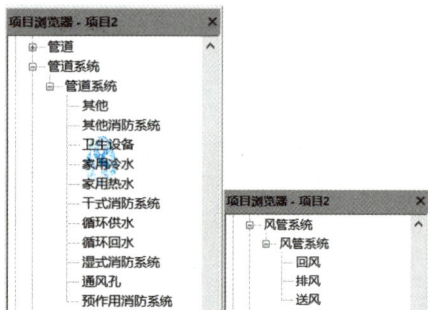

图 9-2　默认的系统类型　　　　　图 9-3　自定义系统类型

在此处自定义的系统类型，会出现在绘制管道的"系统类型"参数的下拉栏中。

选择每个系统类型，可在属性框中看到系统相关的参数值。想要修改，则可点击鼠标右键，在菜单中选择"类型属性"，在弹出的对话框中修改。

9.1.3 创建机电管线时，无法生成弯头、三通或四通，该怎样处理

微课视频
9.1.3

有时，我们在 Revit 中创建水、暖、电管线时，会出现管线因为缺少管件而无法生成的情况，这时就需要检查该系统的配置是否正确。

我们以 Revit 自带的电气项目样板为例：

（1）新建一个以自带的电气样板文件"Electrical-DefaultCHSCHS.rte"为样板的项目，选择"系统"选项卡→"管道"命令→类型属性的"布管系统配置"对

话框中，检查发现各个配件中的选项都为"无"，如图 9-4 所示，这就表示管道系统缺少管件，所以现在在项目中是无法正确创建管道系统的。

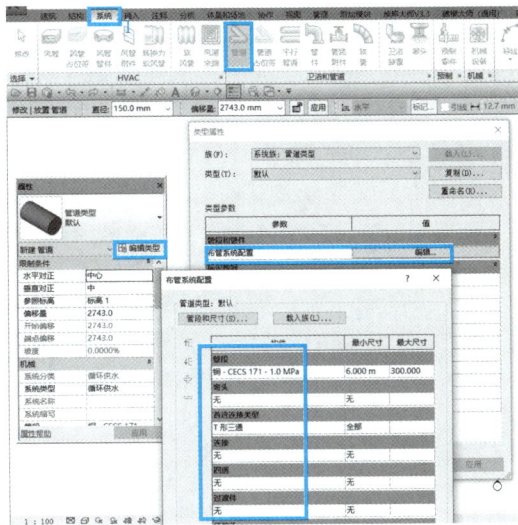

图 9-4　管件设置对话框

（2）这时需要到族库中查找所需要的管件载入到当前的项目中，单击"插入"选项卡→"载入族"命令→在 Revit 自带的族库文件夹中选择合适的水管管件载入，如图 9-5 所示。

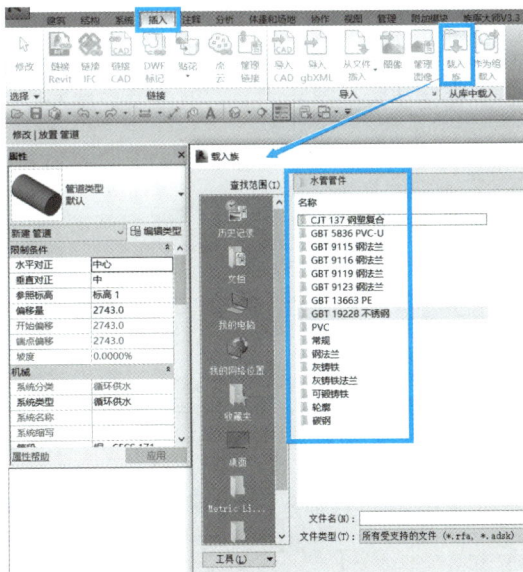

图 9-5　水管管件族库

（3）将各类型中的管件对应选择上，再将最小尺寸的选项选择"全部"，这样，管道系统的配置就完成了，如图 9-6 所示。

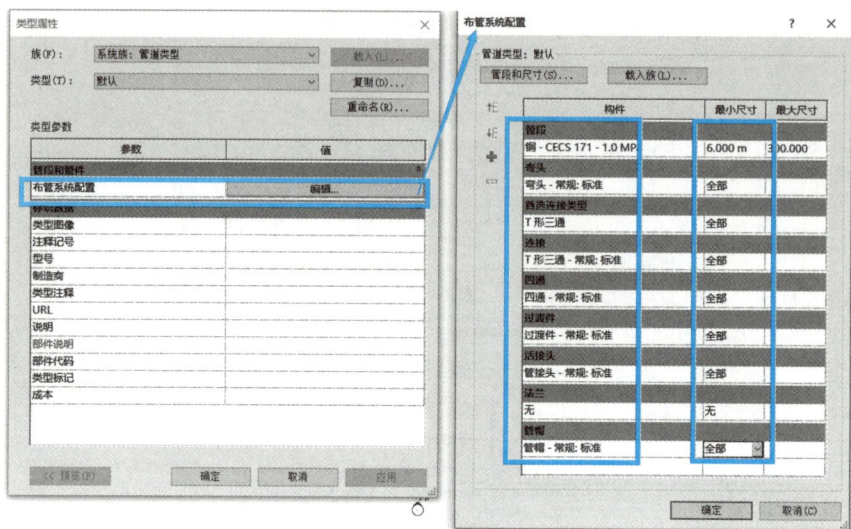

图 9-6　配置管件

【注意】：在水、暖、电专业建模时，选择合适的专业样板很重要。每个专业样板都会为本专业设置专门的系统配置、视图样板和可见性设置等。

9.1.4　为什么管道弯头不能自动改变直径

Revit 软件在绘制管道时，管道弯头是自动添加的，弯头的直径会根据管道的直径自动匹配，但有时会出现弯头不能自动匹配管道直径的情况。

原因：Revit 找不到定义弯头直径的外部数据文件"Elbow-Generic.csv"。

步骤如下：

（1）点击 Windows 的资源管理器文件夹栏；

（2）输入：%APPDATA%Autodesk\Revit，将显示当前你的电脑安装的所有 Revit 的版本；

（3）打开相应的 Revit 版本文件夹，即可找到 Revit.ini 文件；

（4）用 Windows 的"记事本"打开 Revit.ini；

（5）检查 Revit.ini 文件中的 LookupTableLocation 参数定义的路径（通常为 C：\ProgramData\Autodesk\RVT 2014\Lookup Tables\）与实际是否一致，并检查该文件夹里的 Elbow -Generic.csv 文件是否存在或能正常打开；

（6）经过上述修正，重新启动 Revit 就可修复该问题。

9.1.5 有坡度的干管、支管怎么连接

微课视频
9.1.5

对于有坡度的管道，要连接支管，可采用"继承高程"功能来完成，步骤如下：

（1）选择"系统"选项卡→"管道"命令，绘制有坡度的干管；

（2）在放置支管之前，点击"修改→继承高程"命令；

（3）在平面视图点选干管连接点，则支管自动继承此处干管的高程，然后再点击放置支管末端，可得到图 9-7 所示的支管。

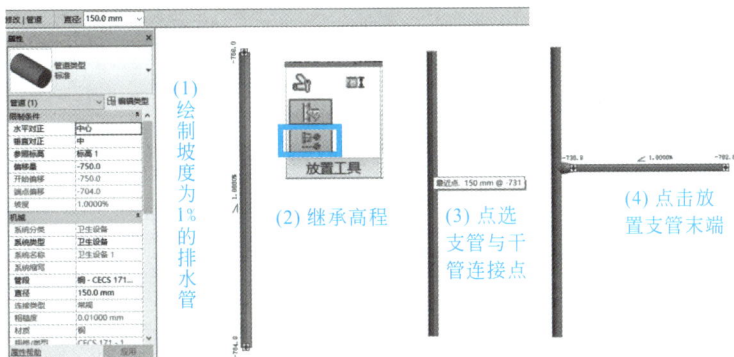

图 9-7　支管继承干管高程

9.1.6 如何一次修改连续的管道坡度

微课视频
9.1.6

（1）利用"Tab"键一次选中连续的管道；

（2）单击"坡度"命令，即可指定一个坡度给这一连续的管道，如图 9-8 所示。

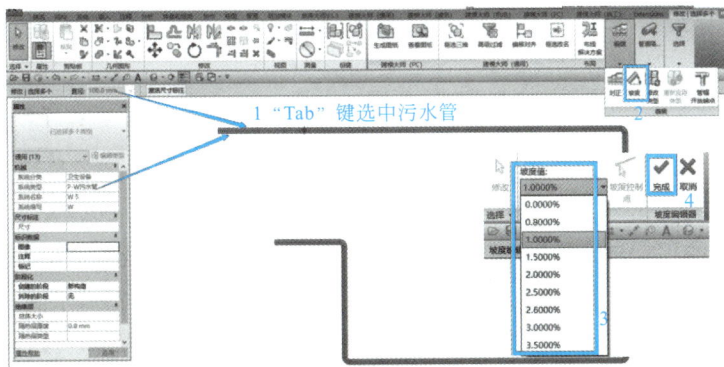

图 9-8　修改连续的管道坡度

9.1.7 为什么消火栓箱只有贴墙壁才能放置？没有墙怎样处理

微课视频
9.1.7

原因：Revit 的族，有些是基于特定构件的，如基于墙、基于楼板、基于天花板的族等。如果某个消火栓箱的族构件只有贴墙壁才能放置，说明这个消火栓箱族是使用"基于墙的样板"为基础创建的族模型，如图 9-9 所示。

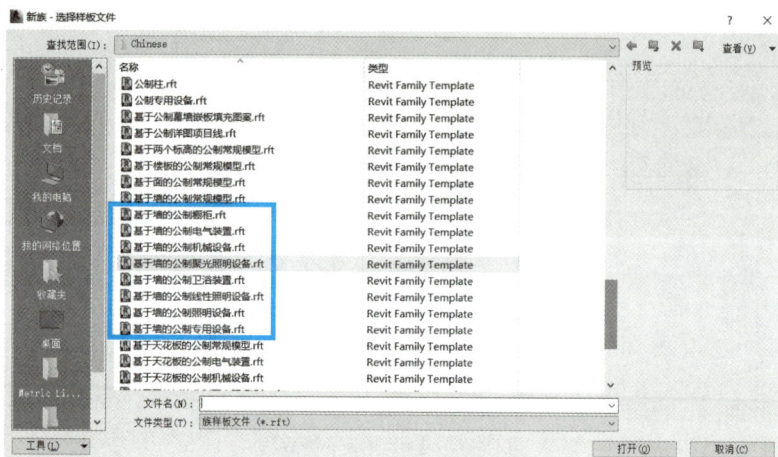

图 9-9 族样板选择窗口

解决方法：在需要放置此类型族模型的位置先绘制一段墙体（或一个参照平面作为虚拟的墙面），然后在墙体上放置我们需要的基于墙的族模型，最后把墙体（参照平面）删除即可。如图 9-10 所示。

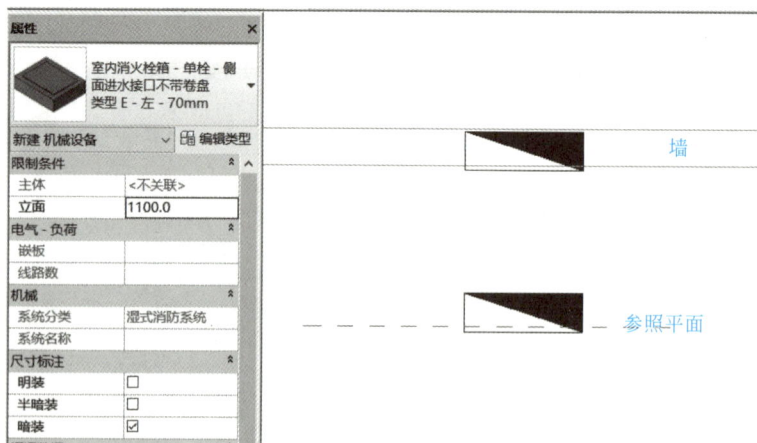

图 9-10 放置消火栓箱族

9.1.8 如何在绘制喷淋喷头时，将喷头生成的管道系统归属到自行创建的管道系统

微课视频
9.1.8+9.1.9

方法：修改喷头族的"系统分类"。如果希望喷头适应连接的管道的系统分类，可把喷头的"系统分类"设定为"全局"（图9-11），这样喷头就可自动匹配管道的系统。

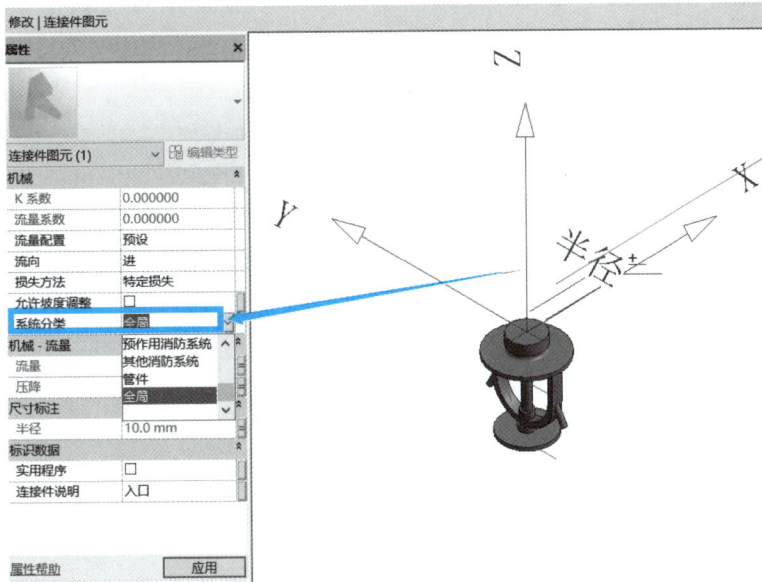

图 9-11　喷头族系统分类

9.1.9 将喷头与喷淋支管连接时，为何提示"找不到匹配的管段"

在将喷头与喷淋支管连接时，会提示 Revit 在"管道类型：ZP 自动喷淋管 – 镀锌钢管"中找不到匹配的管段，如图 9-12 所示。

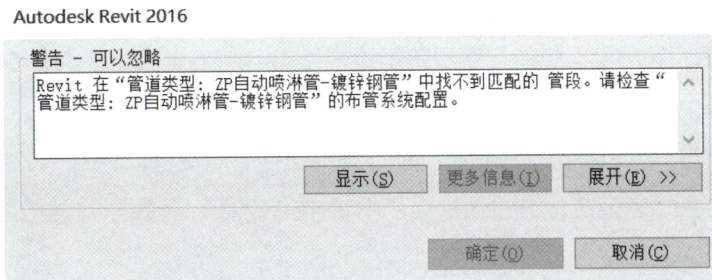

图 9-12　"找不到匹配的管段"的警告框

原因：喷头的公称直径为 DN20（图 9-13），而喷淋管道的布管系统配置中管段的直径范围是 DN25 ~ DN300，没有与喷头匹配的直径，如图 9-14 所示。

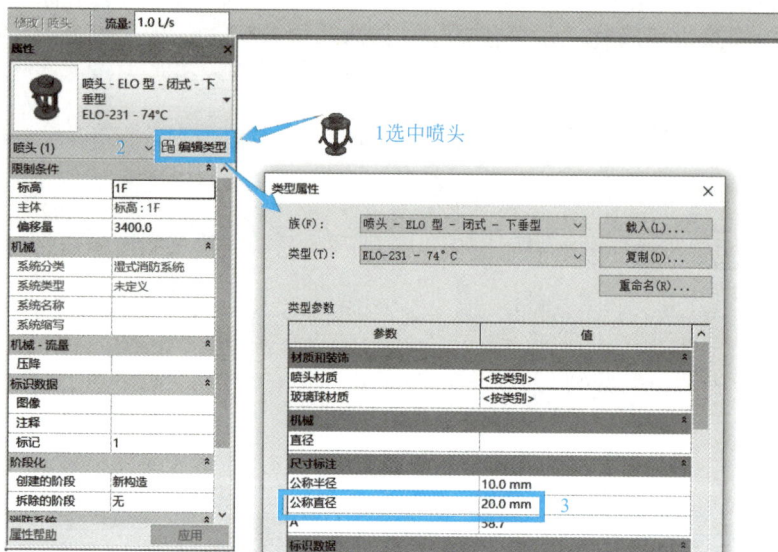

图 9-13　查看喷头的公称直径

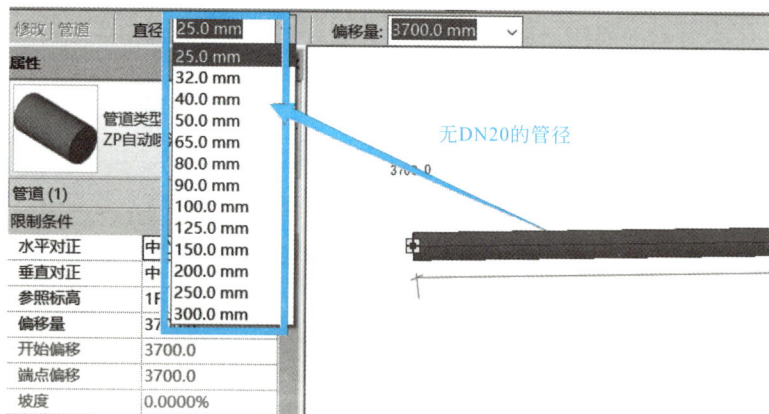

图 9-14　查看喷淋管道的管径范围

解决方法：在喷淋管道的布管系统配置中添加 DN20 的尺寸。具体步骤为：

（1）选中喷淋管道；

（2）点击"编辑类型"按钮，出现"类型属性"对话框；

（3）点击"类型属性"对话框中"布管系统配置""编辑"按钮，出现"布管系统配置"对话框；

（4）将自喷管的管段最小尺寸改为包括 DN20，如图 9-15 所示。

　　　　　　　　　　　　　　　　　　　　　　　　BIM 机电建模与应用

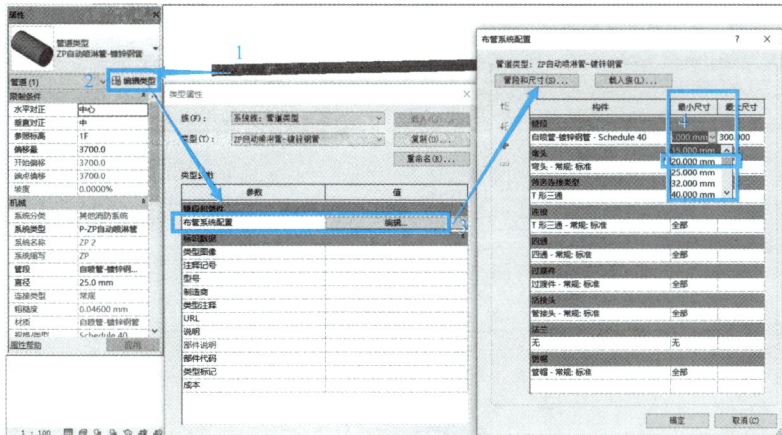

图 9-15 喷淋管添加尺寸

9.1.10 自建阀门族如何自适应管径大小

微课视频
9.1.10

原因：阀门族要能自适应管径的大小，关键是连接件加上"半径"参数，该参数需设为实参数，才能自适应管径大小，如果是类型参数，则不能自适应管件的大小。

具体步骤如下：

（1）新建阀门族，点击"族类型"命令；

（2）在族类型窗口，按参数"添加"按钮添加"公称半径"参数；

（3）在"参数属性"窗口，添加名称"公称半径"，选择参数类型为"实例"，如图 9-16 所示；

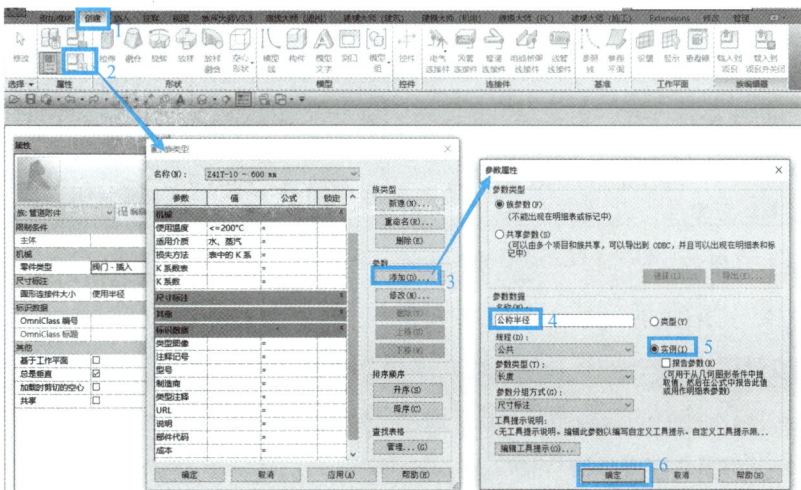

图 9-16 添加实例参数

任务 9 Revit 机电建模操作技巧提示 · · · 121

（4）在模型中添加"管道连接件"，把"管道连接件"的"半径"参数与"公称半径"关联，选择"管道连接件"，点击"属性框"里的"半径"参数右边的"关联族参数"按钮，在"关联族参数"窗口，选择"公称半径"参数，如图 9-17 所示；

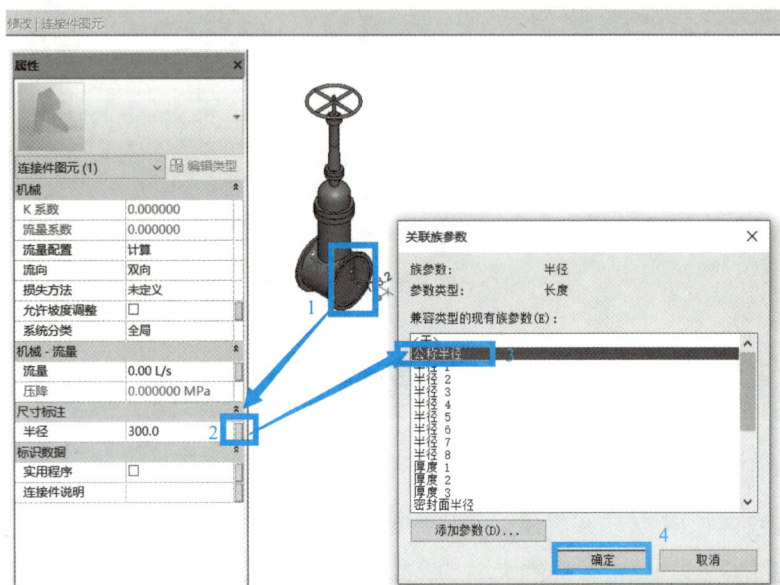

图 9-17　关联参数

（5）把族载入到项目中，放置闸阀族时，就会自适应管径大小。

9.1.11　机电管线中的立管如何创建？长度如何编辑

在 Revit 里创建立管有两种方法：（1）在平面创建；（2）在剖面或立面创建。这里以风管立管为例进行说明。

（1）在平面创建立管

此方法主要是通过在选项栏上移改"偏移"值以实现立管的创建，步骤为：

① 单击"系统"选项卡→"风管"命令；

② 选择选项栏上的风管尺寸值，输入起点的偏移量，光标移动到立管的起点位置，单击指定立管起点，如图 9-18 所示；

③ 再次输入终点的偏移量，单击"应用"按钮，即可生成立管，如图 9-19 所示。

（2）在剖面或立面创建立管

在剖面或立面创建立管的方法就如在平面创建水平管网的方法是一样的，具体步骤为:

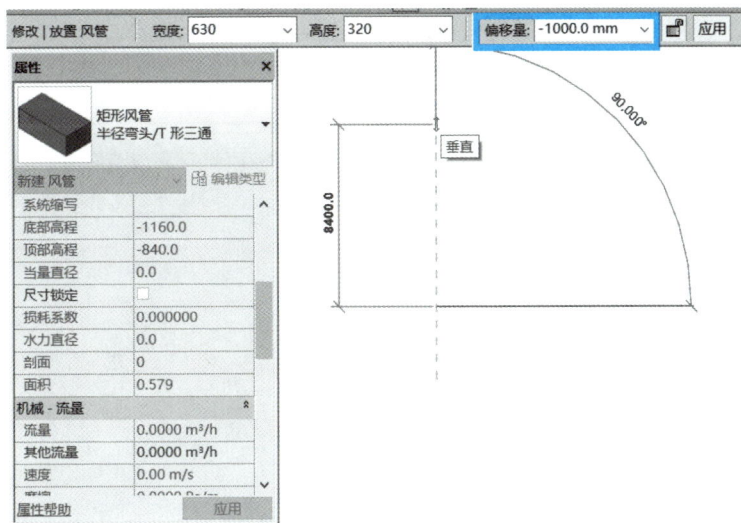

图 9-18　输入起点偏移值

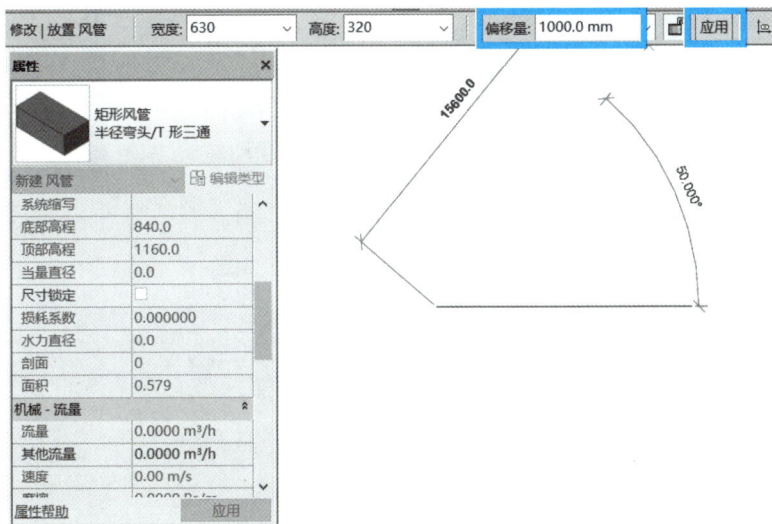

图 9-19　输入终点偏移量

① 在剖面或立面视图，"系统"选项卡→"风管"命令；

② 选择选项栏上的风管尺寸值，注意，此处的偏移量输入框为灰色，如图 9-20 所示，表示此处不可输入数值；

③ 在视图上单击鼠标创建风管的起点；

④ 再次单击鼠标创建风管（或管道）的终点，如图 9-20 所示。

完成创建后，单击鼠标右键点击"取消"按钮，立管创建就完成了。

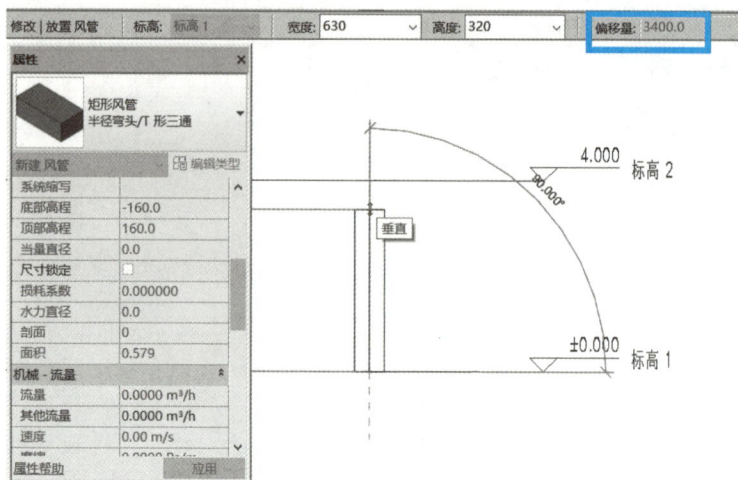

图 9-20　在立面中绘制风管

9.1.12　连接管线时出现"风管 / 管道已修改为位于导致连接无效的反方向上"的错误提示框，如何处理

微 课 视 频
9.1.12

我们在连接管线时，有时会出现"风管 / 管道已修改为位于导致连接无效的反方向上"的错误提示框，如图 9-21 所示。

图 9-21　错误提示框

原因：要连接的末端与管线之间的距离太近。

解决办法：将末端与风管之间的距离拉开，尽量使用"连接到"的命令直接连接，如图 9-22 所示。

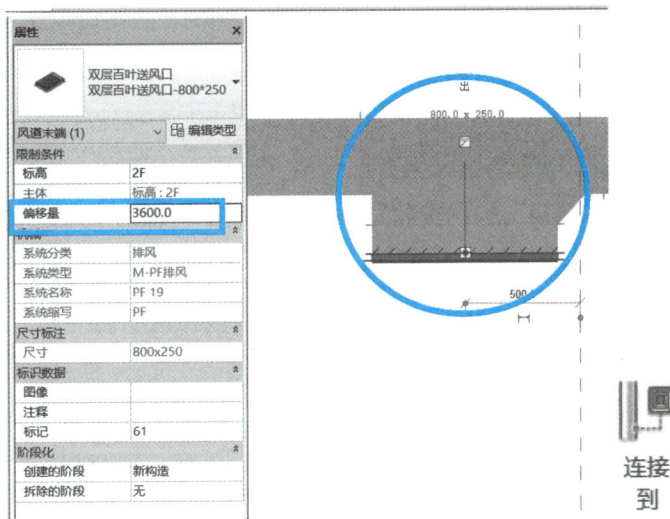

图 9-22 末端与风管连接成功

9.1.13 在创建风管或管道时为何系统类型会表示为"未定义"选项

微课视频
9.1.13

在 Revit 中，风管和管道都设有"系统类型"参数，可以在创建时在下拉栏中选相应的系统类型。但是，有时在创建风管或管道时，我们会发现其"系统类型"显示为"未定义"，如图 9-23 所示。

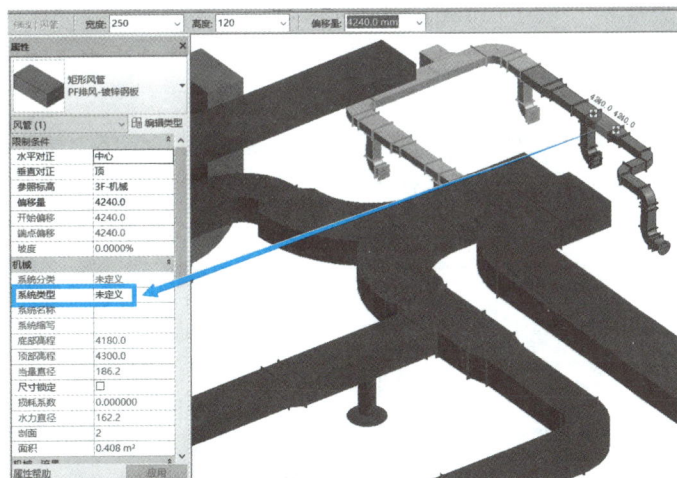

图 9-23 风管的系统类型为"未定义"

原因：在创建风管或管道时把风管或管道创建成了封闭的管网，程序默认无法定义"系统类型"。

解决办法：添加一段新的管线，使之前的封闭管网变成非封闭的管网，原"未定义"的管线的系统类型都会变成与新建的管线一样了。

9.1.14 为什么与风机的回风口和送风口连接的风管会变成一个系统？如何解决

微课视频
9.1.14

原因：风机盘管连接件的系统分类为"送风"，导致与之相连接的管线都默认为送风，如图9-24所示。

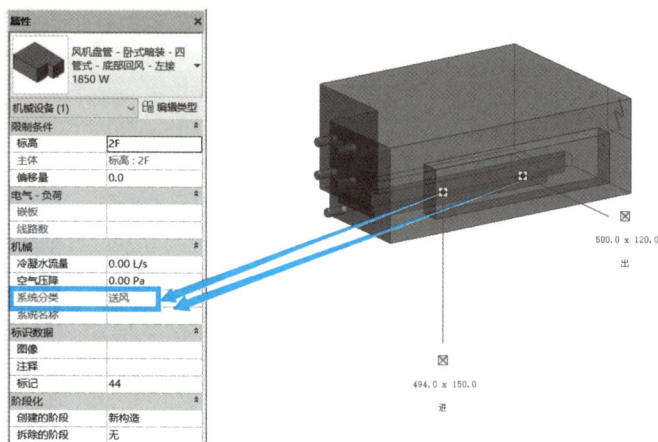

图9-24 风管盘管系统分类为"送风"

解决的方法：修改风机盘管族中连接件的系统分类。

（1）选中风机盘管，点击"编辑族"命令进入族编辑界面；

（2）选择风机盘管处于回风口的"连接件"，将其属性栏中的"系统分类"由"送风"改为"回风"，如图9-25所示；

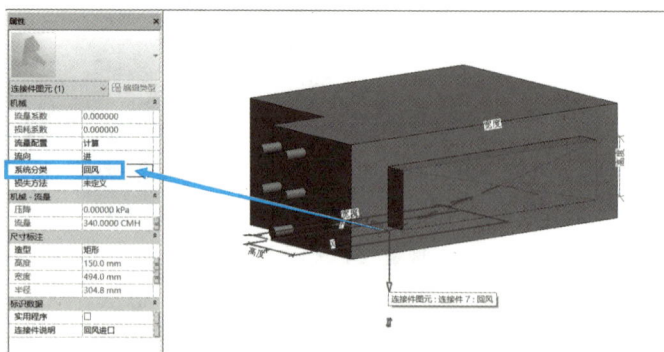

图9-25 修改后的连接件的系统分类为"回风"

（3）把改好的风机盘管族再载回到项目中，问题就可以得到解决。

9.1.15　如何将创建好的风管 T 形三通转换成 Y 形三通

在 Revit 中创建风管，风管的连接件会按风管的"布管系统配置"自动生成，风管自动生成的连接件是一个 T 形三通。这是由风管的类型属性中的"布管系统配置"中"连接"一项设定的，如图 9-26 所示。

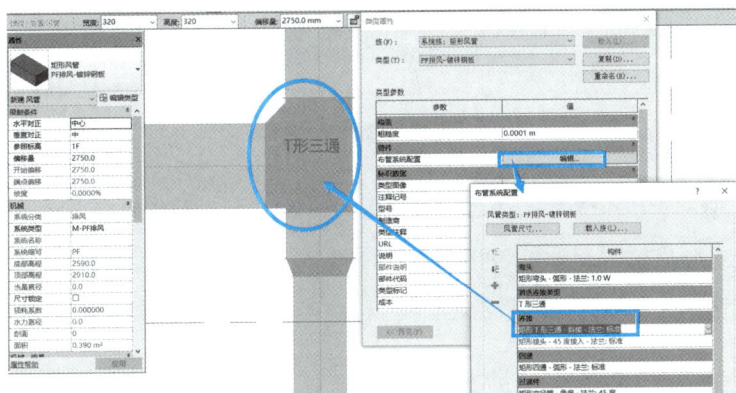

图 9-26　按"布管系统配置"自动生成的 T 形三通

载入 Y 形三通的连接件族，并在下拉栏中选取，载入到项目中，如图 9-27 所示。

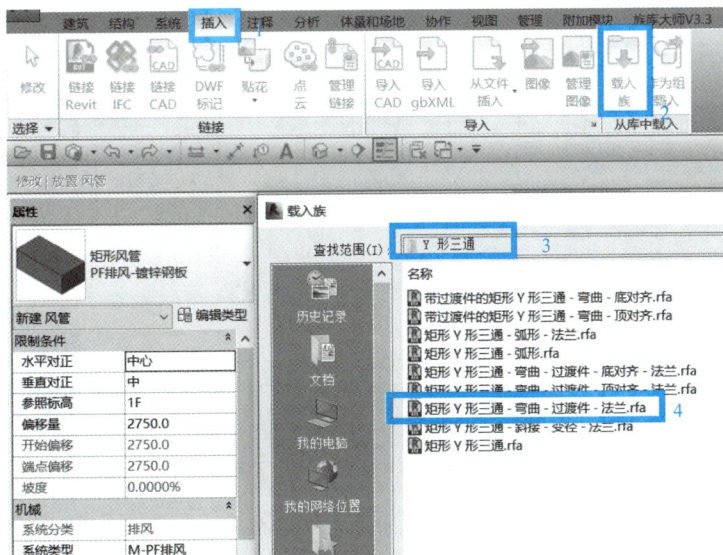

图 9-27　载入 Y 形三通族

在"布管系统配置"中"连接"项下就有了 Y 形三通可供选择，如图 9-28 所示。

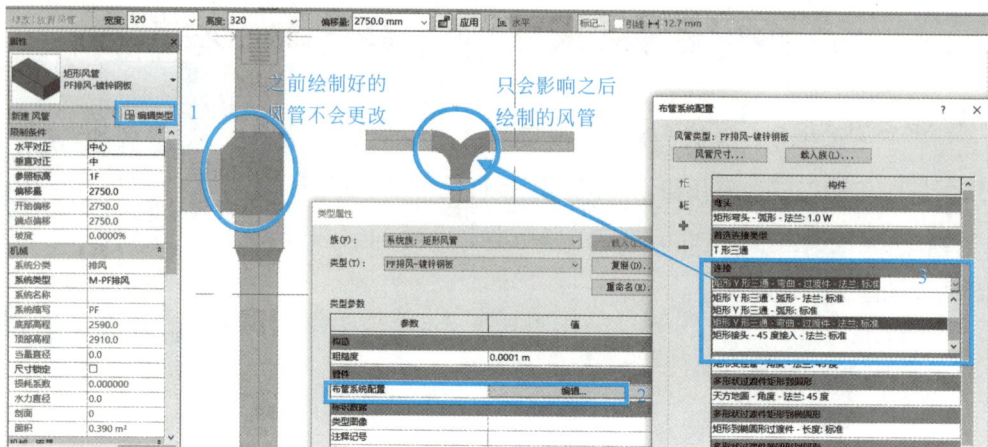

图 9-28　选择 Y 形三通

【注意】：在"布管系统设置"中所做的修改只会影响之后绘制的风管，之前绘制好的风管不会更改，如图 9-28 所示。

也可以选中 T 形三通，在属性类型下拉栏点击选择 Y 形三通更换，如图 9-29 所示。

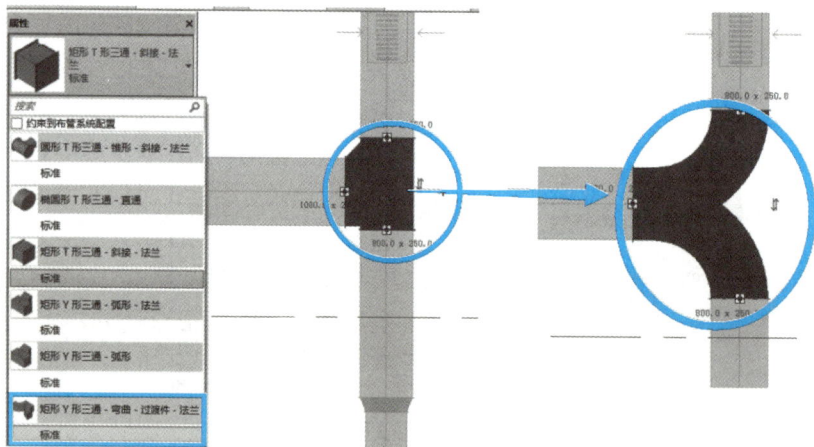

图 9-29　选择 Y 形三通更换

9.1.16　如何修改风管末端的系统分类

微课视频
9.1.16

风管末端（如送风口、回风口等）都默认设置了系统分类，为了与风管系统匹配，需要选择对应的送风口、回风口族或直接修改风口族的系统分类为"送风""回风"等，如图 9-30 所示。

　　　　　　　　　　　　　　　　　　　　　BIM 机电建模与应用

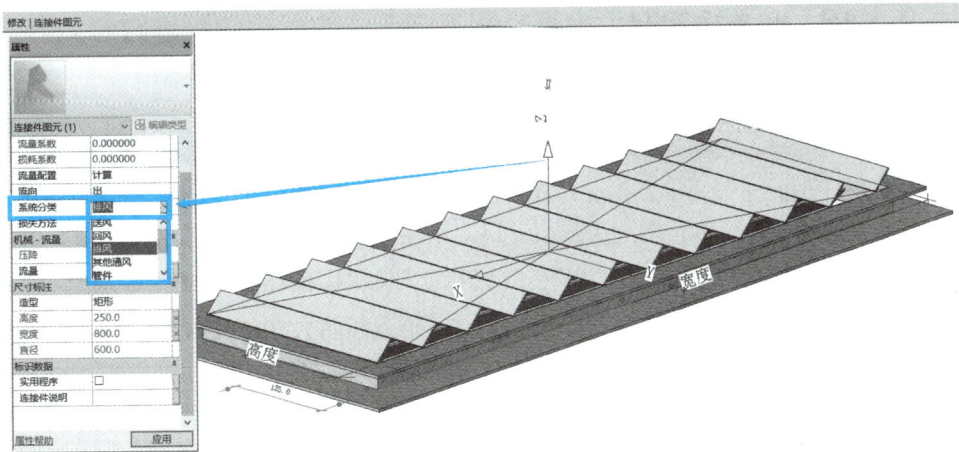

图 9-30 修改风口族系统分类

9.1.17 自建风阀族如何自适应风管的尺寸大小

默认情况下，风管附件（如风阀）的尺寸大小需要根据风管的尺寸做相应的设置，为了提高建模的效率，让风管的附件尺寸随风管的大小变化而变化，可把风阀族的宽度和高度类型参数改为实例参数（图 9-31）。这样，风阀就会随风管的大小变化而变化。

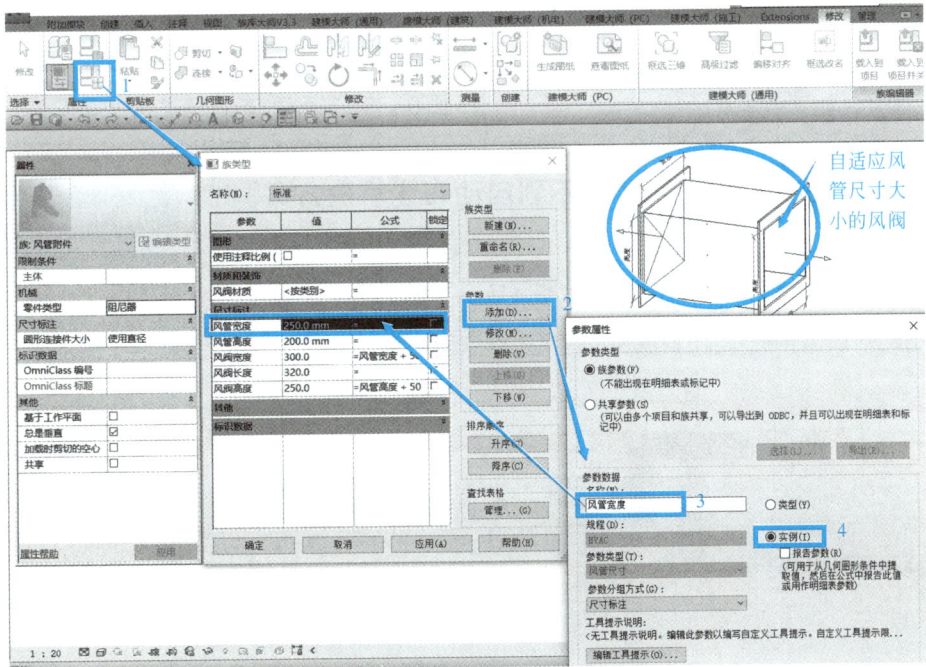

图 9-31 风阀族参数设置

任务 9 Revit 机电建模操作技巧提示

9.1.18　布置桥架时，由于空间不够无法放置桥架配件时怎么办

微课视频
9.1.18

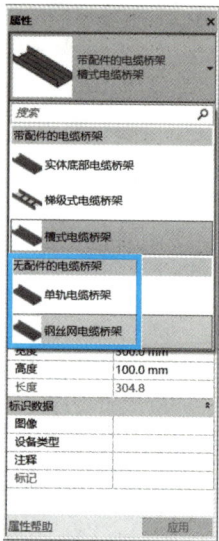

方法：用"无配件的电缆桥架"来绘制桥架。

（1）选择"系统"选项卡→"电缆桥架"命令；

（2）在桥架"属性"窗口选择"无配件的电缆桥架"，如图 9-32 所示；

（3）在绘制电缆桥架模型时，不生成"三通连接件"也能连接，如图 9-33 所示。

图 9-32　选择类型

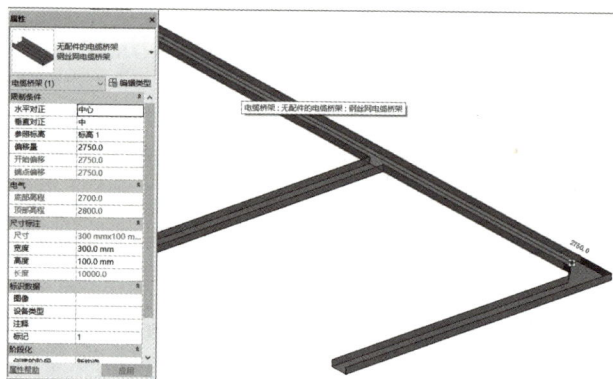

图 9-33　无配件的电缆桥架

9.1.19　为何提示"找不到自动布线解决方案"

微课视频
9.1.19

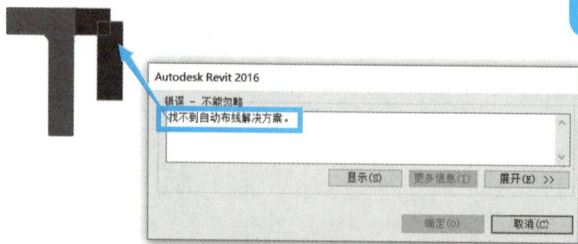

在绘制风管时，有时候会在绘图区域右下角弹出如图 9-34 所示的对话框，提示"找不到自动布线解决方案"。

图 9-34　"找不到自动布线解决方案"提示对话框

原因 1："布管系统设置"对话框中显示风管 / 管道的部分管件未配置，如图 9-35 所示为未配置风管的弯头。

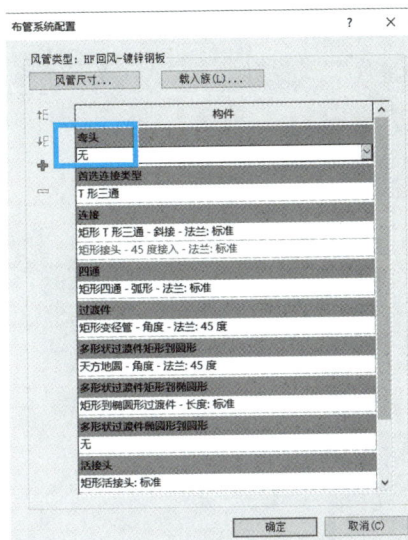

图 9-35　风管的"布管系统配置"对话框

原因 2：假如已经设置了必备的构件，但仍出现"找不到自动布线解决方案"提示，可能是平面空间不足，如图 9-36 所示。则可以选择转弯半径最小的弯头（图 9-37）或可创建半径更小的弯头。

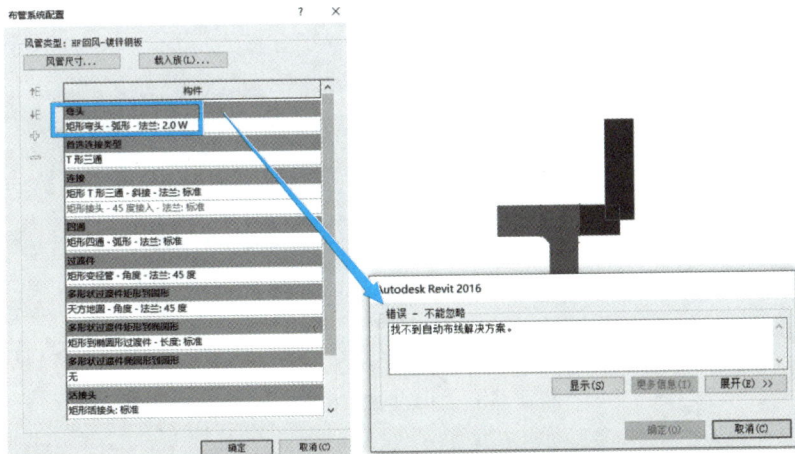

图 9-36　风管管件已设置但仍提示对话框

创建半径更小的弯头的具体步骤：

（1）选中弯头→点击"编辑类型"按钮，出现"类型属性"对话框；

（2）在"类型属性"对话框中复制一个弯头类型→名称命名为0.8w→确定→修改"半径乘数"选项值为0.8（为使用方便弯头命名尽量与"半径乘数"一致），如图9-38所示。

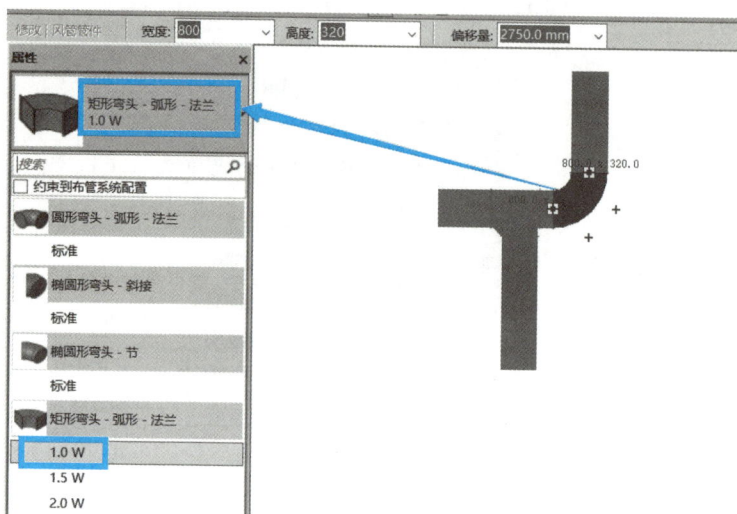

图9-37　选择转弯半径最小的弯头

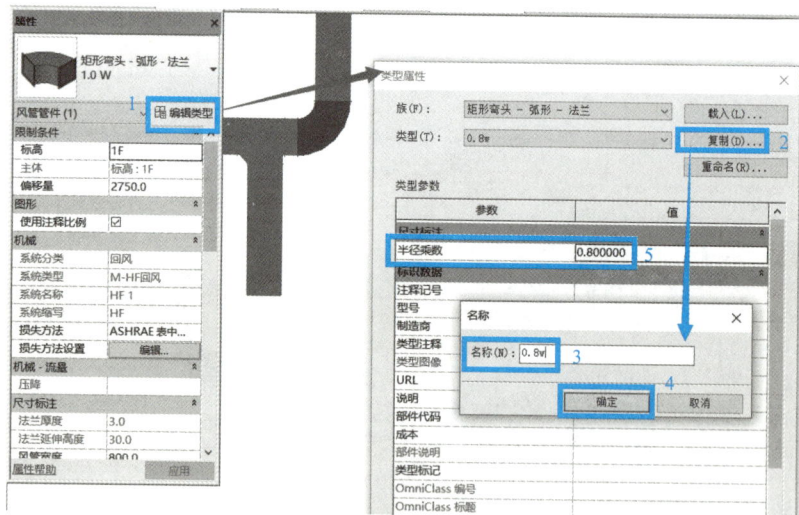

图9-38　创建半径更小的弯头

9.1.20　管道或风管的警告信息能否取消显示

在绘制风管、管道、线管以及电缆桥架、电气线路后，系统会在管线的端点处显示警告的"叹号"，如图 9-39 所示。

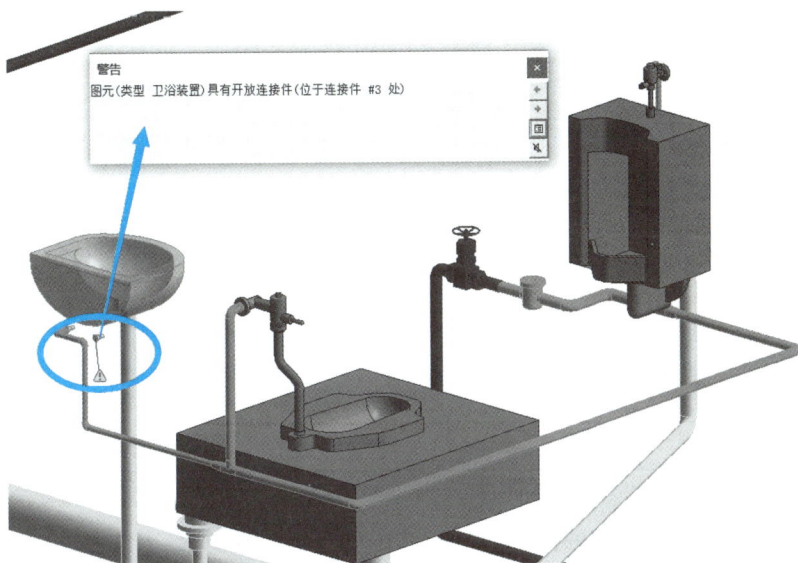

图 9-39　显示警告的"叹号"

去掉显示"叹号"的具体步骤为：

（1）"分析"选项卡→点击"检查系统"面板→"显示隔离开关"命令；

（2）在"显示断开连接选项"中取消选择相应的选项，如图 9-40 所示。

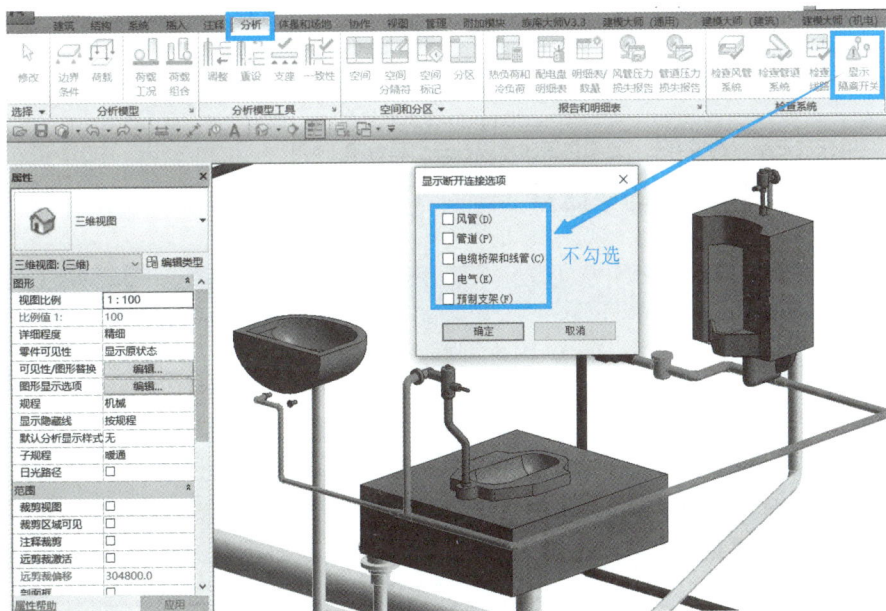

图 9-40　去掉显示警告的"叹号"

9.1.21　创建 MEP 族应该选择什么样板

Revit 族是按族类别进行分类，族类别不应随意选择，因为 Revit 的所有对象都有特定的工程属性，明细表的统计也是按类别进行的，如果族类别选错了，将意味着这个族的工程属性也是错误的。这个族可能就无法与 MEP 的相关设备、管线等连接，明细表统计也将是错误的。

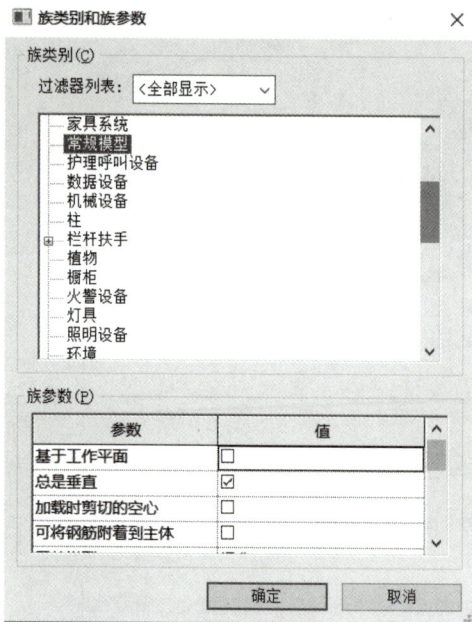

族类别是软件固定的，用户只能按实际需要选择，不同的族类别具有不同的族参数。Revit 软件默认自带了一些典型的族样板，这些样板预设了族类别。在创建自定义的 MEP 族时，首先要考虑你的 MEP 族是什么族类别，有了这个前提就知道应该选择什么族样板了。具体方法如下：

（1）选择"创建"选项卡→"族类别和族参数"命令；

（2）在"族类别和族参数"窗口，默认族类别是"常规模型"，选择相应的族类别，只有选择正确的族类别，才能创建正确的族，如图 9-41 所示；

（3）单击"确定"按钮，完成设置。

图 9-41　族类别和族参数窗口

9.1.22　Revit 的快捷键

命令	快捷键	命令	快捷键	命令	快捷键
墙	WA	文字	TX	详图线	DL
门	DR	对齐标注	DI	图元属性	PP
窗	WN	标高	LL	删除	DE
构件	CM	高程点标注	EL	移动	MV
房间	RM	绘制参照平面	RP	复制	CO
房间标记	RT	模型线	LI	旋转	RO
轴线	GR	按类别标记	TG	定义旋转中心	R3

命令	快捷键	命令	快捷键	命令	快捷键
阵列	AR	交点	SI	临时隔离图元	HI
镜像－拾取轴	MM	端点	SE	临时隐藏类别	HC
创建组	GP	中心	SC	风管	DT
锁定位置	PP	捕捉到云点	PC	风管管件	DF
解锁位五	UP	点	SX	风管附件	DA
匹配对象类型	MA	工作平面网格	SW	转换为软风管	CV
上一次缩放	ZP	切点	ST	软风管	FD
动态视图	<F8>	关闭替换	SS	风管末端	AT
线框显示模式	WF	形状闭合	SZ	预制零件	PB
隐藏线框显示模式	HL	关闭捕捉	SO	预制设置	FS
带边框着色显示模式	SD	区域放大	ZR	机械设备	ME
细线显示模式	TL	缩放配置	ZF	机械设置	MS
线处理	LW	临时隔离类别	IC	管道	PI
填色	PT	重设临时隐藏	HR	管件	PF
拆分区域	SF	隐藏图元	EH	管路附件	PA
对齐	AL	隐藏类别	VH	软管	FP
拆分图元	SL	取消隐藏图元	EU	卫浴装置	PX
修剪／延伸	TR	取消隐藏类别	VU	喷头	SK
偏移	OF	切换显示隐藏图元模式	RH	电缆桥架	CT
选择整个项目中的所有实例	SA	渲染	RR	线管	CN
重复上一个命令	RC	快捷键定义窗口	KS	电缆桥架配件	TF
捕捉远距离对象	SR	视图窗口平铺	WT	线管配件	NF
象限点	SQ	视图窗口重叠	WC	电气设备	EE
垂足	SP	视图图元属性	VP	照明设备	LF
最近点	SN	可见性图形	VG	放置构件	CM
中点	SM	临时隐藏图元	HH		

9.2 可见性相关问题

微课视频
9.2.1

9.2.1 创建的管线为什么在三维视图可见，但在平面视图却看不见

在水、暖、电建模时，常会碰到创建的管线在三维视图可见，但在平面视图中看不见的情况，如图 9-42 所示。可以检查一下视图可见性和视图范围的设置。

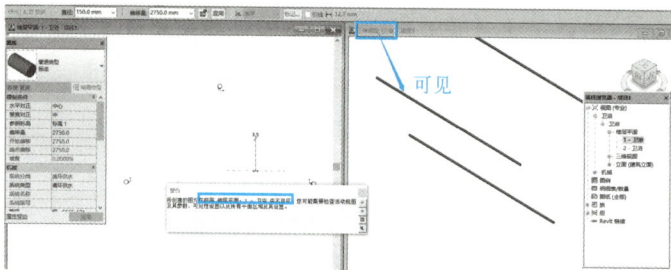

图 9-42 警告框

（1）视图可见性检查方法

在视图属性栏的"可见性 / 图形替换"对话框中，检查想要显示的类别前的方格是否已勾选，如图 9-43 所示。如果没有勾选，该类别在当前视图是看不到的。另外也要检查一下过滤器的可见性是否已勾选，如图 9-44 所示。

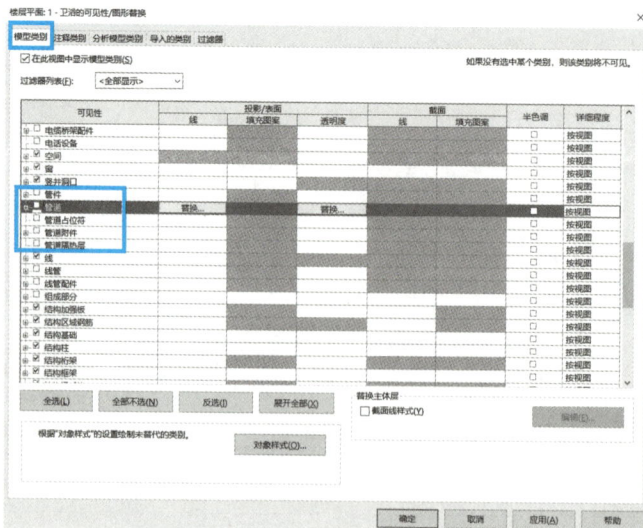

图 9-43 检查模型类别的可见性

· · · **BIM 机电建模与应用**

图 9-44 检查过滤器的可见性

"可见性"设置与选用的专业样板关系很大，不同的专业样板的视图，其可见性的设置差别很大，需要手动检查。

（2）视图范围的设置方法

在平面视图里绘制的管道在视图范围外，就不会显示出来。比如一根偏移量为3000mm 的管道，当视图范围的顶偏移量为 2000mm 时，如图 9-45 所示，在平面视图中就不可见了。

这时需要调整该视图的视图范围，将顶偏移量设为 4000mm，如图 9-46 所示，管道就可见了。

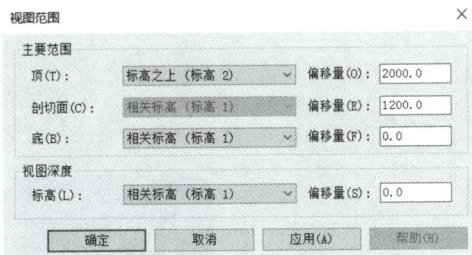

图 9-45　检查视图范围

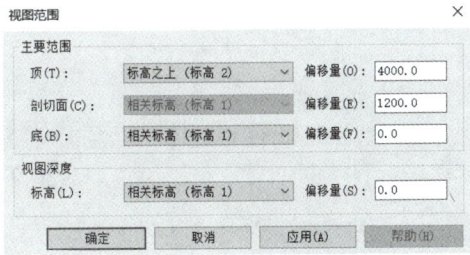

图 9-46　调整视图范围

9.2.2　给机电管线赋予不同的表面颜色，用"过滤器"和"材质"哪种方式更好

微课视频
9.2.2

为了在机电管线综合协调时方便直观地辨认管线系统，通常

需要给机电管线赋予不同的表面颜色。在 Revit 中，可以通过对象的材质或者过滤器两种方式进行定义，两种方法都可以通过改变管道的颜色来区分各个专业的管道，但区别在于使用过滤器来定义管道系统颜色会比改变材质的方法更方便，使用时更灵活。因为使用过滤器，可以通过过滤器规则来灵活过滤选择各专业管线，并对过滤器选择的管线进行灵活的颜色设置（图 9-47），而通过材质定义颜色就不能这么灵活方便地做到这点。所以，建议在管线综合协调时，使用过滤器来定义管道颜色。

【注意】：通过过滤器设置的颜色在导出模型到 Navisworks、Lumion 等软件时并不会传递过去；通过材质设置的颜色可以传递，但风管、桥架等构件无法设置材质。

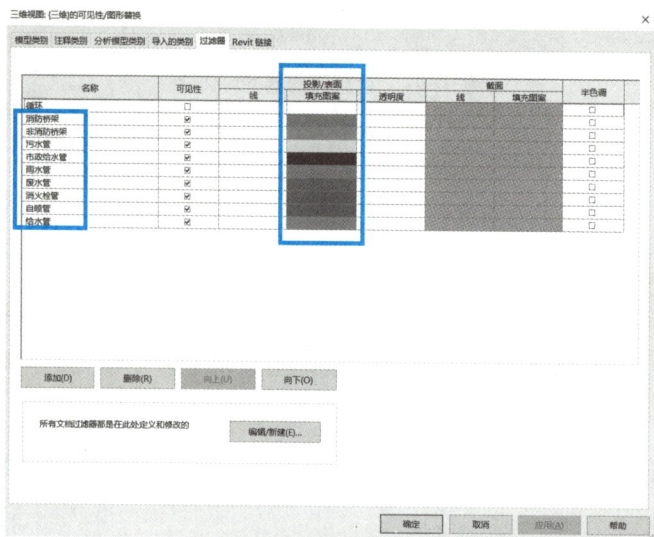

图 9-47　过滤器设置管线颜色

9.2.3　如何通过定义过滤器给机电管线赋予不同的表面颜色

为了在机电管线综合协调时方便直观地辨认不同管线系统，通常需要给机电管线赋予不同的表面颜色，在 Revit 中，一般通过定义过滤器的方法来实现，具体步骤如下：

（1）点击"视图"选项卡→"可见性 / 图形替换"命令（或快捷键"VV"）；

（2）出现当前视图的"可见性 / 图形替换"对话框，切换到"过滤器"选项卡；

（3）点击"编辑 / 新建"按钮；

（4）出现"过滤器"窗口，创建机电专业的过滤器，以"给水管"为例，如图 9-48 所

示新建过滤器，输入"给水管"，然后设置给水管"类别"和"过滤器规则"，如图9-48所示；

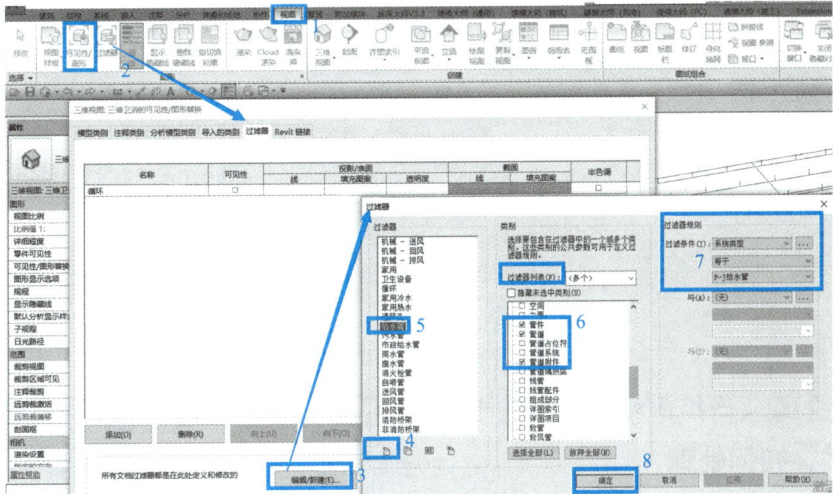

图9-48 新建过滤器并设置

（5）点击"确定"按钮，完成并返回"可见性/图形替换"窗口，按"添加"按钮添加"给水管"过滤器，如图9-49所示；

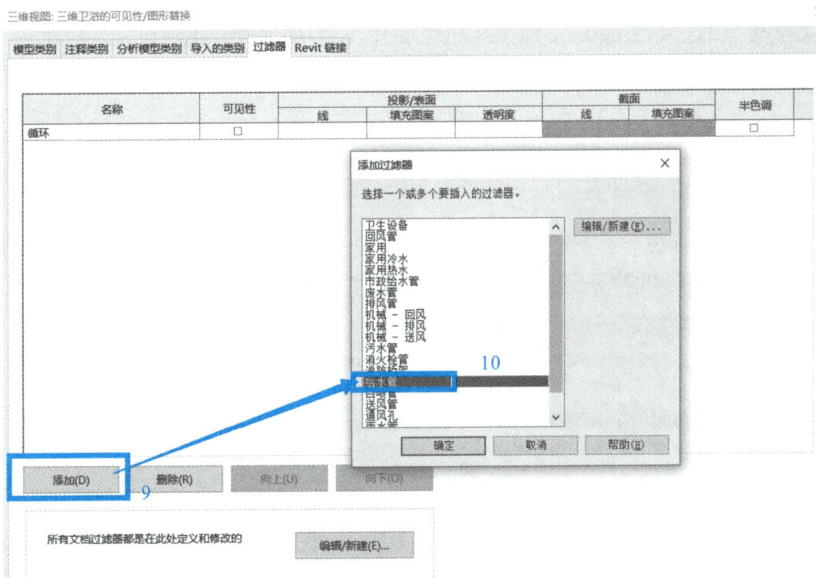

图9-49 添加过滤器

（6）点击"给水管"过滤器的填充图案的"替换"按钮，选择"颜色"和"填充图案"，如图9-50所示，完成"给水管"的过滤器设置；

（7）其他机电系统重复上述步骤分别进行设置。

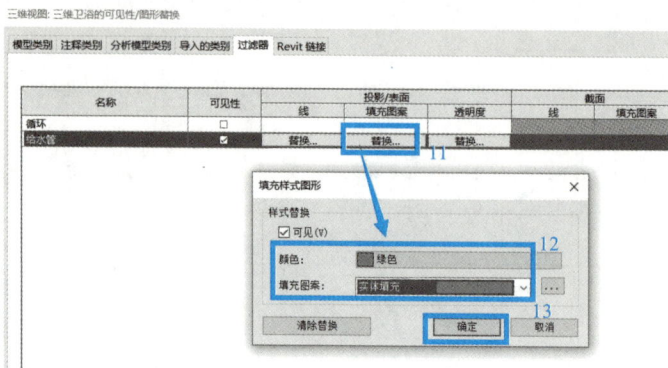

图 9-50　给水管颜色设置

9.2.4　当机电模型链接到建筑模型里，原有颜色丢失了，如何处理

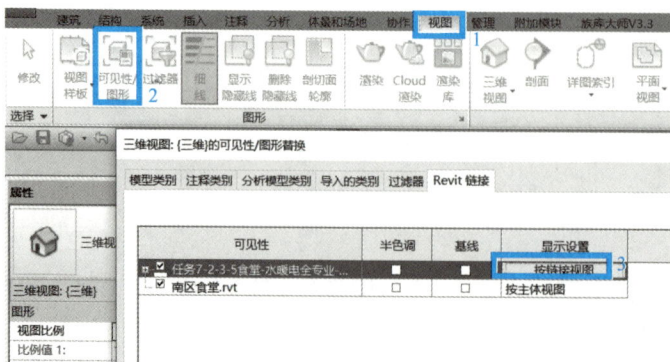
微课视频
9.2.4

默认情况下，链接模型是按主体模型的视图样式进行显示的，所以原来机电模型设置好的颜色，被链接到建筑模型里可能就看不到了。

解决方法：传递过滤器和修改显示设置。

（1）传递过滤器

可以通过"传递项目标准"，直接从机电模型文件中将其过滤器及视图样板传递过来。

（2）修改显示设置

通过改变 Revit 链接的显示设置，恢复链接文件原视图显示，具体步骤如下：

① 点击"视图"选项卡→"可见性 / 图形替换"命令（或快捷键"VV"）；

② 出现当前视图的"可见性 / 图形替换"对话框，切换到"Revit 链接"选项卡；

③ 把各专业模型的显示设置从原来的"按主体视图"改为"按链接视图"，如图 9-51 所示，点击"确定"按钮，完成设置。

图 9-51　修改链接文件的显示设置

BIM 机电建模与应用

9.2.5 如何修改其他机电设备的半色调来突出重点关注的管道

在机电管线比较密集的区域（图9-52），如果想重点关注某些管道系统，例如希望突出显示消防系统，其他系统则显示淡一些，如图9-53所示。可以通过视图可见性的"半色调"或"透明度"来控制，具体方法如下：

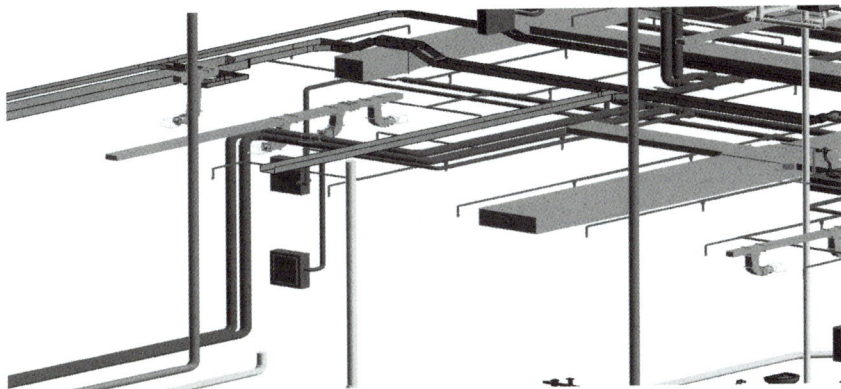

图 9-52　机电管线正常显示

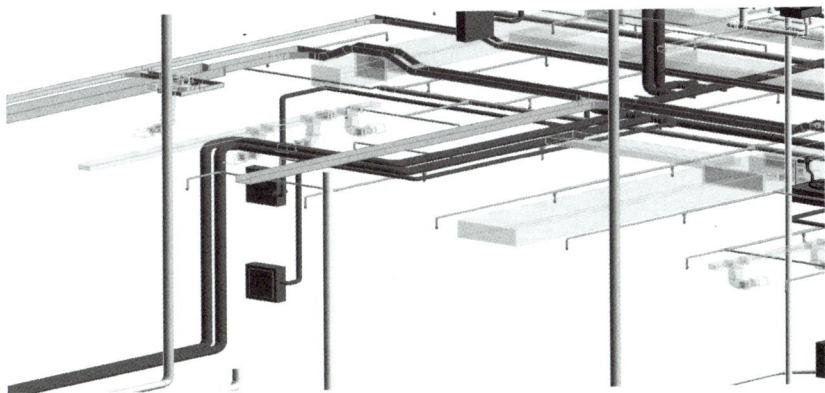

图 9-53　突出消防系统的显示

（1）单击视图属性窗中"可见性/图形替换"右边的"编辑"按钮；

（2）在"可见性/图形替换"窗口，把需要减弱显示的"模型类别"的"半色调"勾选上或进行"透明度"调整（图9-54），或者通过"过滤器"选项卡将其他管道的"半色调"勾选上（图9-55），如果是链接的文件则选择"Revit链接"选项卡，勾选链接文件的"半色调"选项；

（3）单击"确定"按钮，完成设置，效果如图9-53所示。

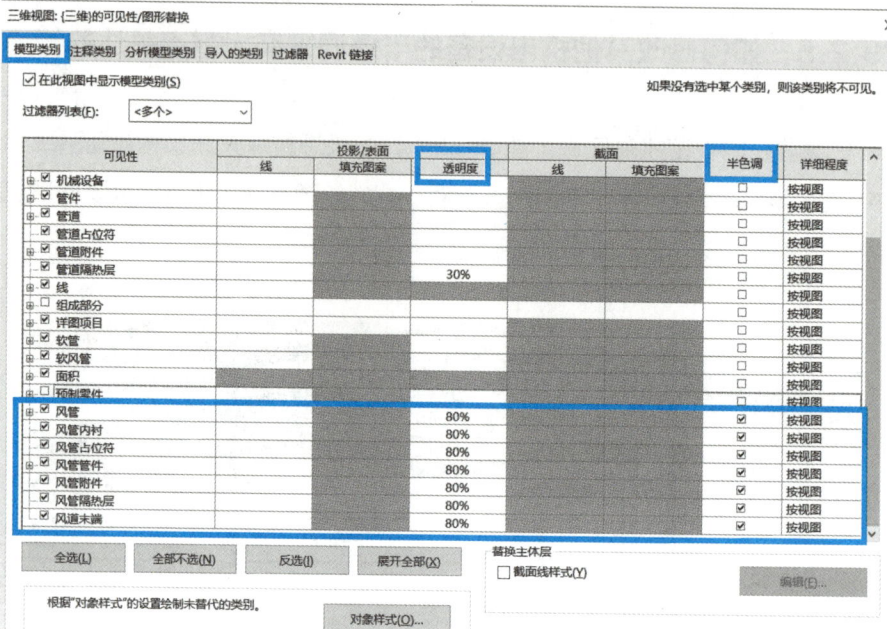

图 9-54 "可见性 / 图形替换"窗口"模型类别"半色调设置

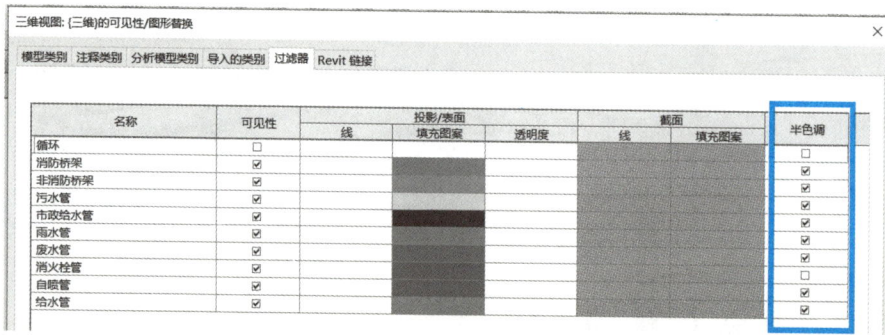

图 9-55 "可见性 / 图形替换"窗口"过滤器"半色调设置

9.3 标注类相关问题

9.3.1 如何标注风管的顶标高和底标高

以某高校食堂项目风管为例,如图 9-56 所示。

BIM 机电建模与应用

图 9-56　某高校食堂风管

标注风管标高的步骤如下：

（1）打开"2F-机械"标高楼层平面，如图 9-57 所示。

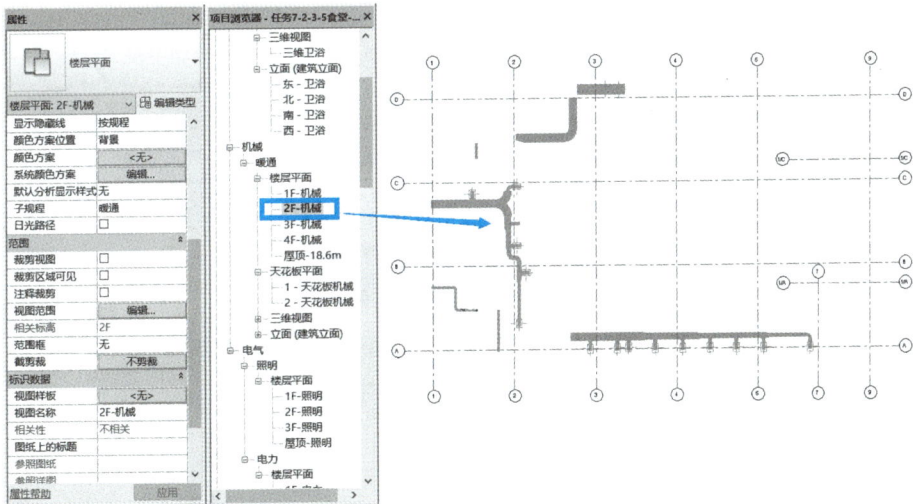

图 9-57　风管的平面视图

（2）单击"注释"选项卡→"按类别标记"命令（图 9-58），移动鼠标到高亮显示要标记的风管并单击放置标记，如图 9-59 所示，放置的风管标记为默认值。

图 9-58　"按类别标记"命令

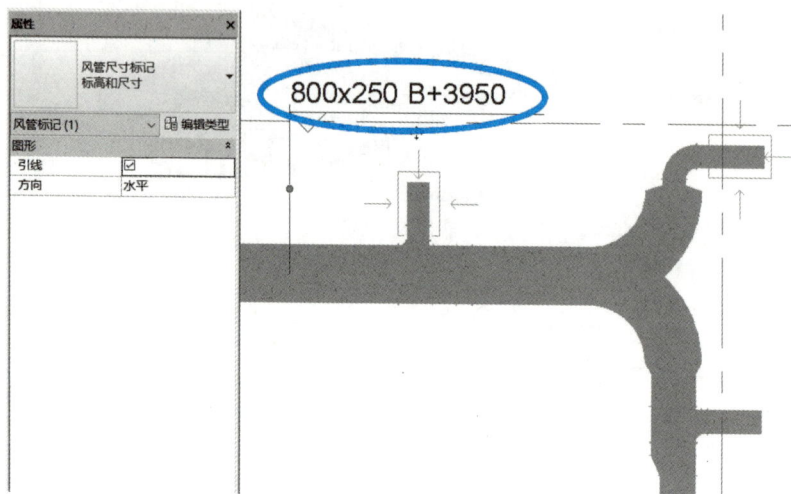

图 9-59　放置标记

（3）如果要显示风管的标高，选择风管尺寸标记，在其属性栏的类型名称下拉栏，更换为"标高"，如图 9-60 所示，此时标记的风管标高为风管的底标高。

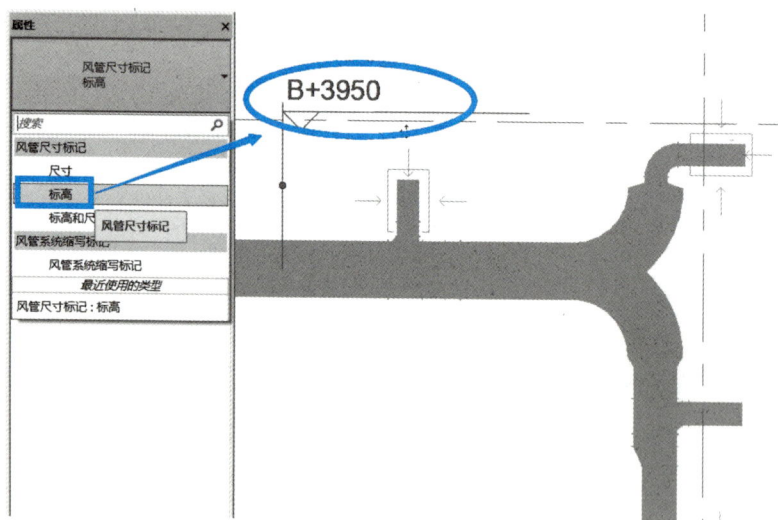

图 9-60　标注底标高的标记

（4）如果要显示风管的顶标高，则需要编辑风管尺寸标记。选择风管标记，单击"编辑族"命令，进入标记族编辑界面。选择"编辑标签"命令，如图 9-61 所示。

（5）在"编辑标签"对话框中，将左侧的"顶部高程"参数添加到右侧，将"底部高程"去除，如图 9-62 所示。完成后，点击"确定"退出。

（6）在族编辑界面，单击"载入到项目中"按钮，此时项目中的标记标注的就是风管的顶标高了，如图 9-63 所示。

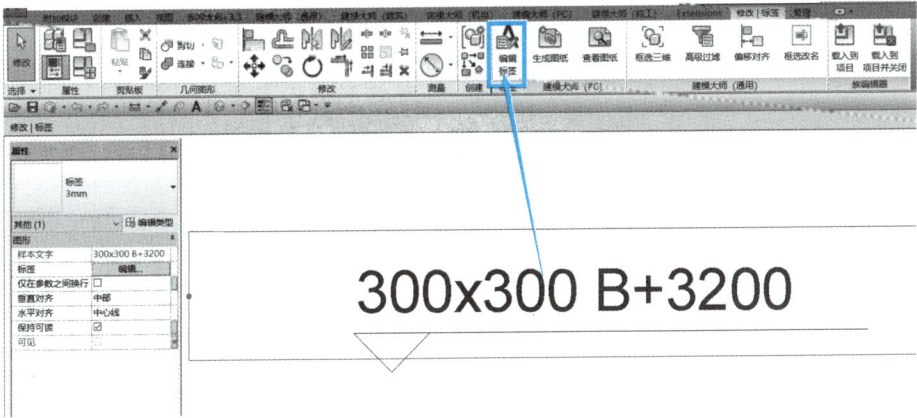

图 9-61　标记族编辑界面

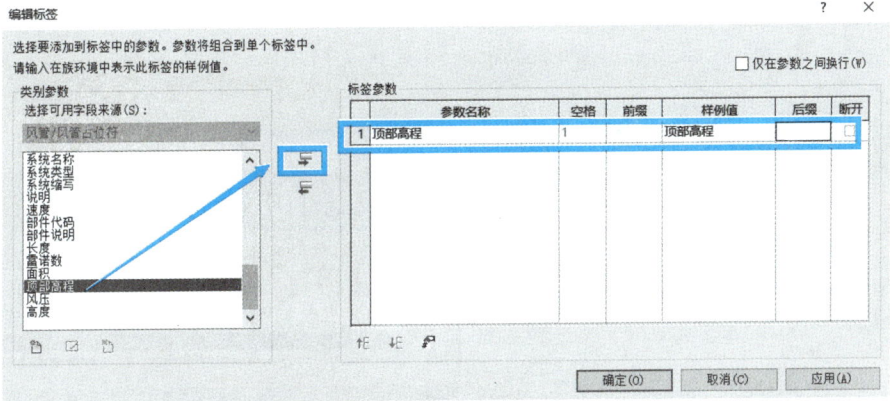

图 9-62　编辑标签

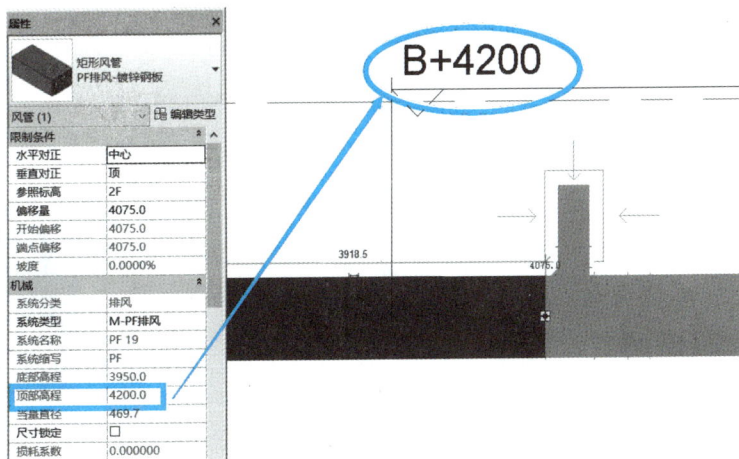

图 9-63　标注顶部标高的标记

任务 9　Revit 机电建模操作技巧提示

【注意】：（1）标记只能在二维视图中表示；（2）桥架的标高标注跟风管类似，但管道的标记中，并无"顶部标高"或"底部标高"的参数，即使另外添加共享参数并使用外部插件将参数值计算出来再标注，仍无法实时更新。

9.3.2 如何标注管道的顶标高和底标高

微课视频 9.3.2

管道的顶标高或底标高不能用风管或桥架的方法进行标记，但可以利用高程点在平面视图标注的方法实现。

具体步骤如下：

（1）选择某一楼层平面视图（1F-卫浴）；

（2）点击"注释"选项卡→"高程点"命令；

（3）在选项栏中选择"显示高程"为"顶部高程"；

（4）单击要标记的管道以放置标记，如图9-64所示。

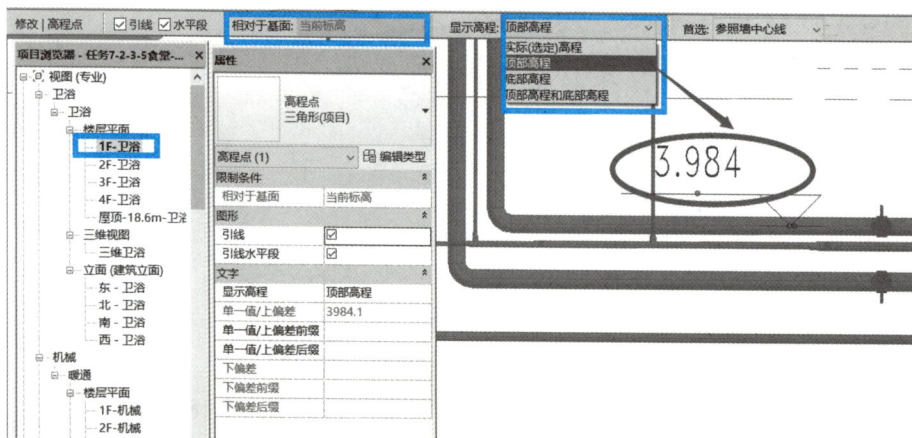

图9-64 放置管道标记

【注意】：需点选管道的中心线，如果点选管道边线，则标注出来的是管道两侧的标高，即管中标高。

微课视频 9.3.3

9.3.3 为什么剖面上的风管/桥架无法标注外框尺寸

在用 Revit 软件进行水、暖、电专业设计过程中，在剖面进行尺寸标注的时候，风管与桥架只能标注到中心线，无法标注到边界，常常要手动加一条详图线或参照平面用来标注，如图9-65所示。

　　　·　　·　　　　　　　　**BIM 机电建模与应用**

这个问题是由 Revit 中设备管线的一个叫作"升 / 降"的机制导致的，这个机制一般用于平面视图的立管表达，在剖面视图中就会导致上述问题。解决方法很简单，把视图"可见性设置"里的风管及桥架的"升"关闭即可，如图 9-66 所示。

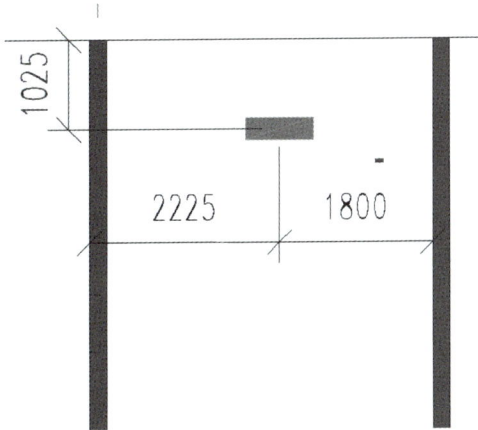

图 9-65　无法标注风管的边界

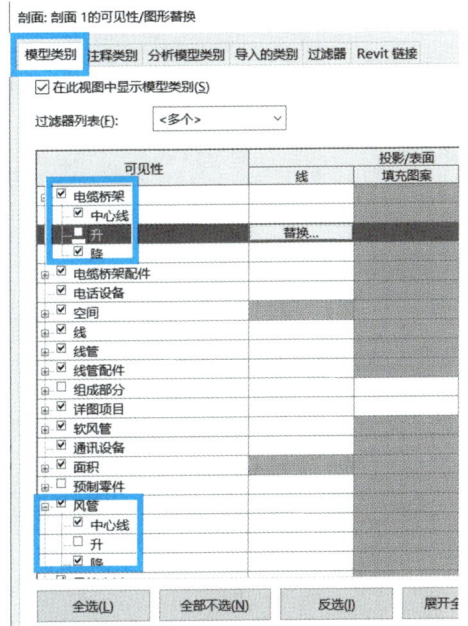

图 9-66　将风管桥架的"升"关闭

在"升"关掉之后就可以标注风管及桥架的边界，但其截面显示会有点不一样，如图 9-67 所示，这就是"升 / 降"所起的作用。

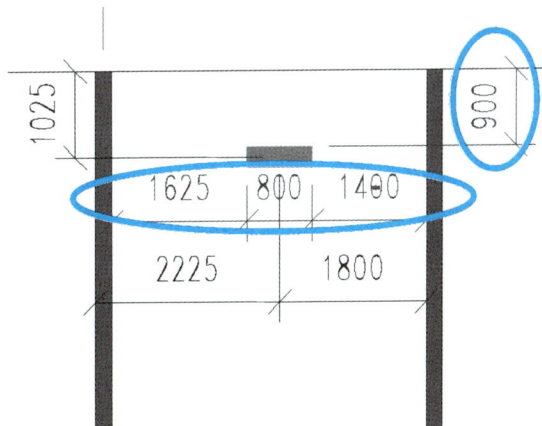

图 9-67　关闭"升"后可标注边界

【注意】：可以在标注尺寸之后，再把"升"打开，显示恢复正常，标注也保留下来。

但此操作非常频繁，每次都要在视图"可见性设置"里操作比较麻烦，可使用二次开发的插件来提高效率。

9.3.4 在标注水暖电管线时，怎么把标注的单位和后缀去掉

以某高校食堂项目的桥架为例，如图 9-68 所示。

微课视频
9.3.4

图 9-68 某高校食堂项目的桥架模型

选择"注释"选项卡→"按类别标记"命令，放置一个标记，放置的桥架标记此时为默认值，如图 9-69 所示。

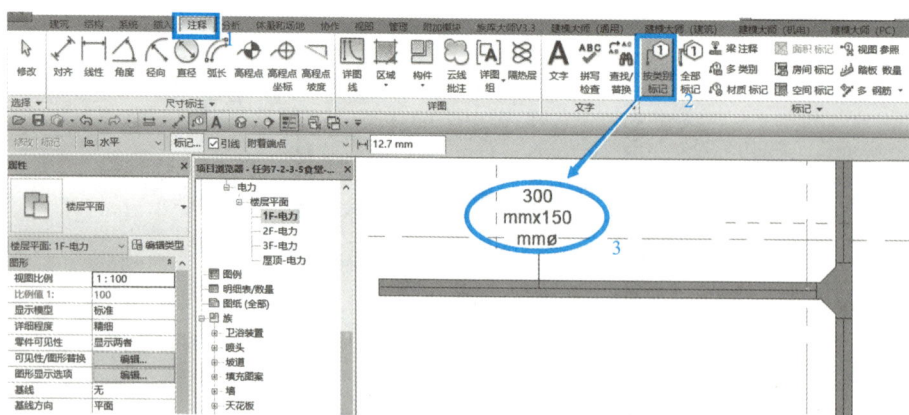

图 9-69 默认的桥架标记

我们先去掉标记中的单位：

（1）选择"管理"选项卡→"项目单位"命令。

（2）在"项目单位"对话框中，将"规程"选择为"电气"，单击"电缆桥架尺寸"后的"格式"。

（3）在"格式"对话框中，将"单位符号"的选项选择为"无"，点击"确定"退出。这时视图中的标记就已经没有单位了，如图 9-70 所示。

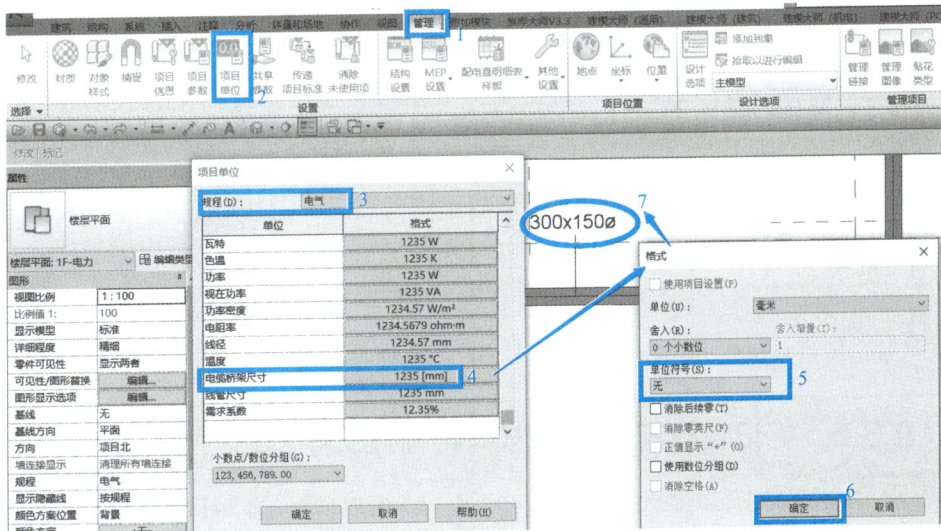

图 9-70　去掉单位的桥架标记

现在我们再去掉标记中的后缀：

（1）选择"管理"选项卡→MEP 设置→"电气设置"命令，如图 9-71 所示。

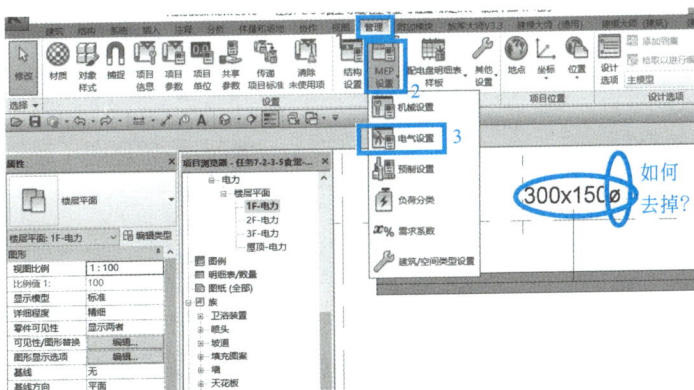

图 9-71　电气设置命令

（2）在"电气设置"对话框中，单击"电缆桥架设置"按钮，删除"电缆桥架尺寸后缀"的值"ϕ"，如图 9-72 所示，点击"确定"退出，这时视图中的标记就没有单位和后缀了。

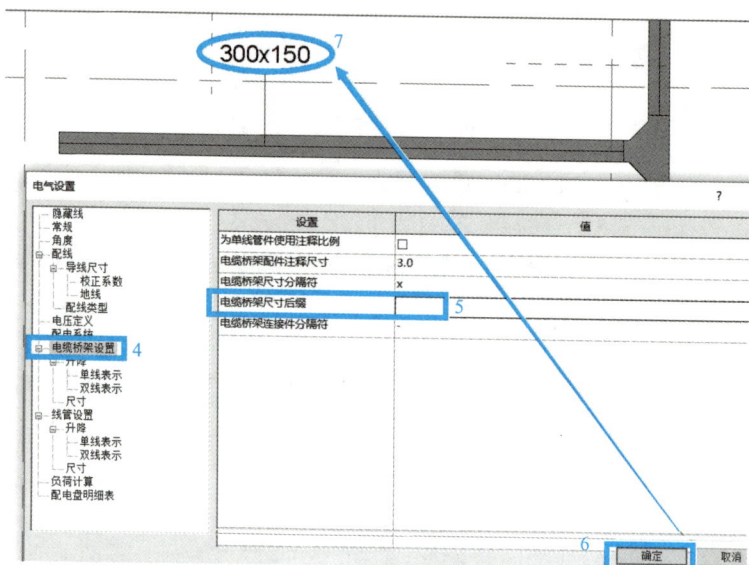

图 9-72 电气设置窗口

9.3.5 标记管道尺寸时，怎样将标注文字的白背景去掉

微课视频
9.3.5

标记文字的白背景属于标注族里面的设置，所以需要进入族编辑里修改。具体步骤如下：

（1）点击管道的"尺寸标记"编辑族，如图 9-73 所示；

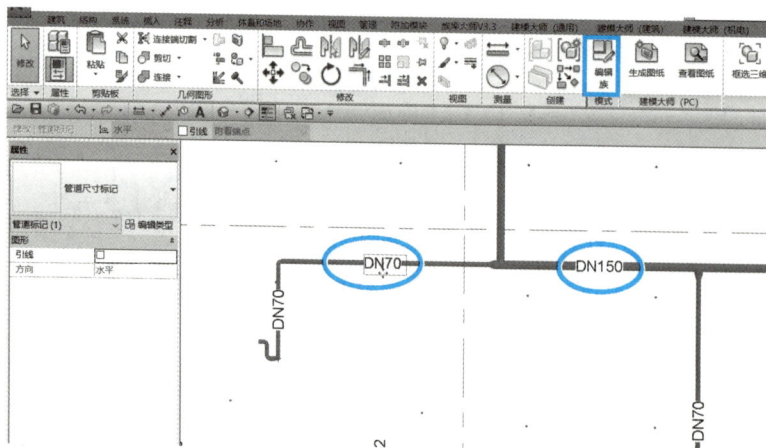

图 9-73 打开"尺寸标记"族

（2）在族编辑环境下点击"标签"，"编辑类型"按钮，把"背景"修改成"透明"，如图 9-74 所示。

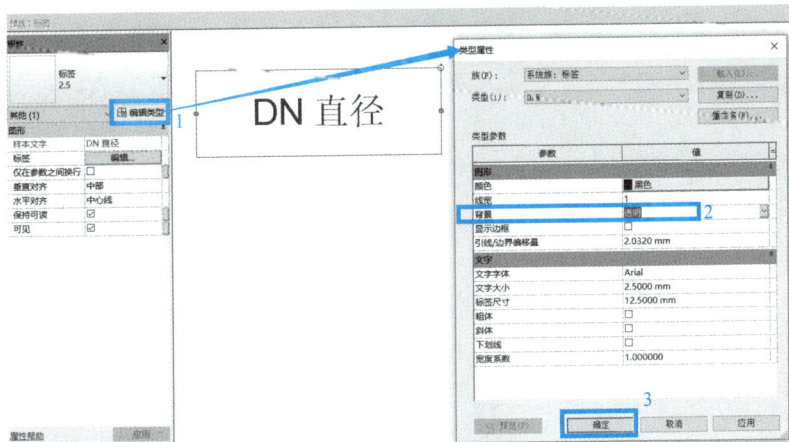

图 9-74　编辑标签类型

9.3.6　为什么有时风管尺寸标注的宽和高是反的（往往是在剖面出现）

原因：与风管标记族的做法有关，如果标记的做法是"尺寸"，就有可能出现这种情况，比如在剖面图的竖向风管，在其侧面的剖面视图标注，就会出现宽、高对调的情况，这是由于不同视图方向使 Revit 对风管的"尺寸"有不同的理解。要保持一致，就要将标记的做法改为"宽"×"高"，那么各个视图都是一致的。具体方法如下：

（1）编辑"风管尺寸标记"族，进入族编辑器；

（2）选择"标签"，点击"属性"的"标签编辑"；

（3）打开"编辑标签"窗口；

（4）把"编辑标签"窗口里的标签参数改为如图 9-75 所示的宽度和高度：

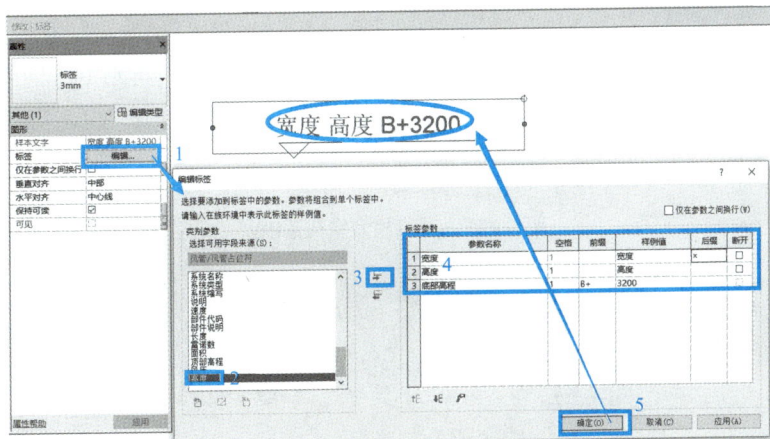

图 9-75　编辑标签并修改标签参数

（5）把族载入到项目中，选择"覆盖现有版本及其参数值"命令，这样在平面和剖面视图"风管尺寸标注"，宽和高的标注都是一致的，如图 9-76 所示。

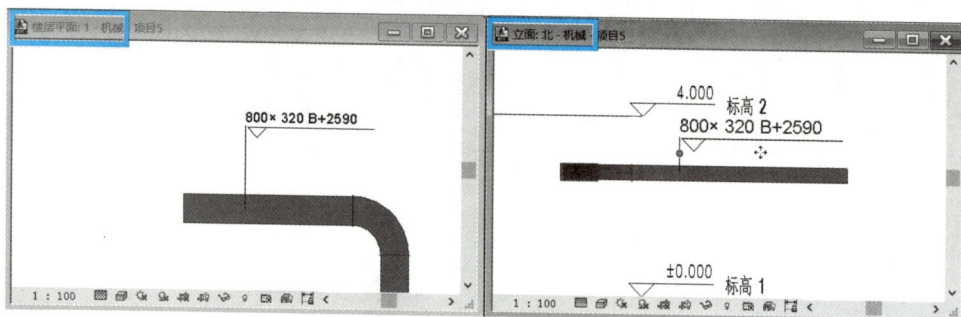

图 9-76　剖面视图

9.3.7　隐藏线模式下风管如何显示中心线

Revit 风管的中心线除了在视图"线框"模式下可以显示外，其他显示模式默认都不能显示其中心线，如图 9-77 所示。

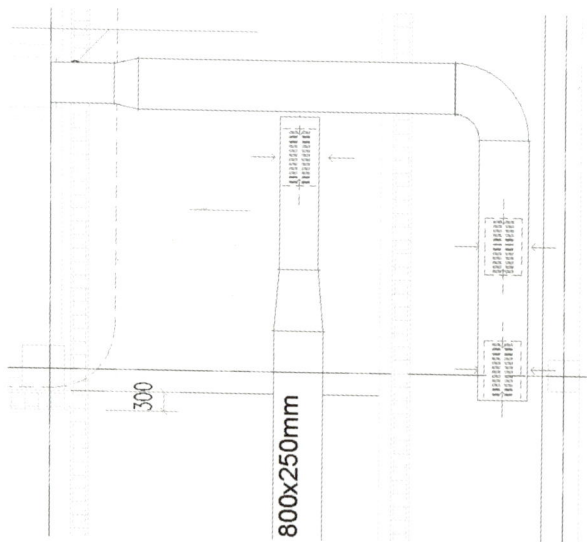

图 9-77　某高校食堂风管模型

（1）选择"视图"选项卡→"可见性 / 图形"命令，打开"可见性 / 图形替换"窗口，选择"模型类别"选项卡，进行可见性的控制，把风管及其风管管件的透明度设为大于 0，如图 9-78 所示；

（2）单击"确定"按钮，完成效果如图 9-79 所示。

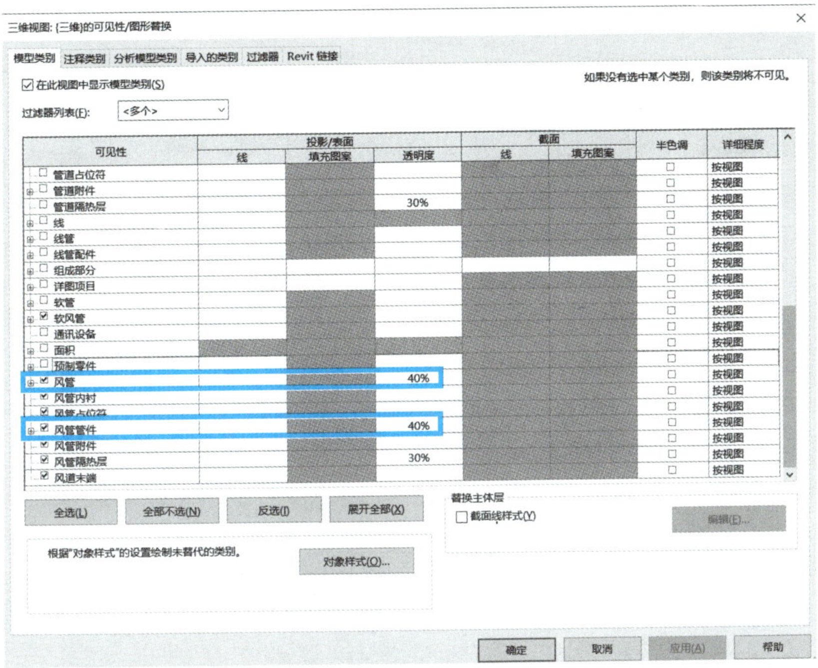

图 9-78　可见性设置

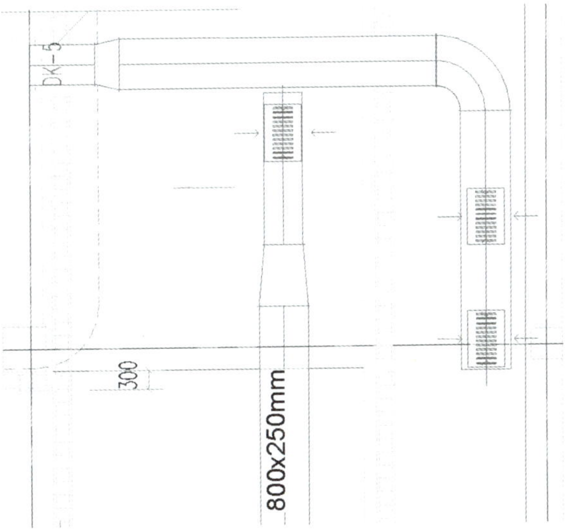

图 9-79　风管中心线效果

9.3.8　如何控制管道立管的平面符号大小

当 Revit 的视图显示详细程度为"粗略"时，机电管线将以符号化方式代替真实模拟来显示，如图 9-80 所示的立管平面符号大小是由特定的参数控制，而非实际管道的直径，立管显示超出管井范围，容易引起误解。

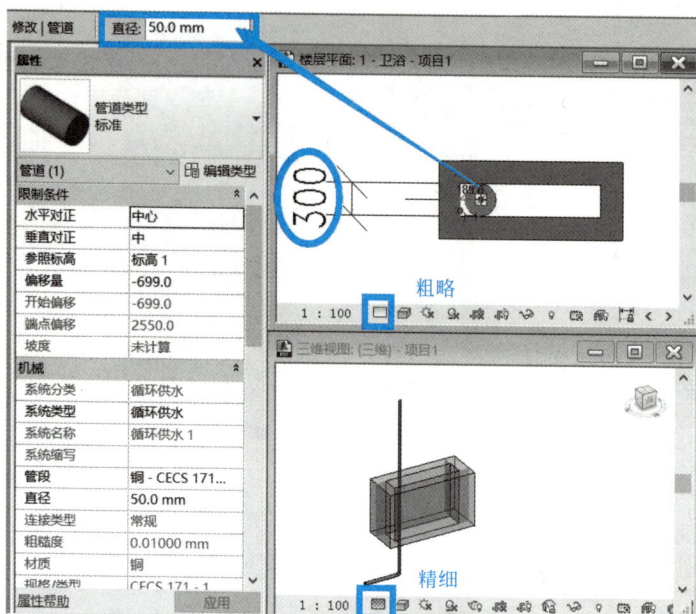

图 9-80　管道的粗略显示

通常情况下，我们建议在检查专业协调和碰撞时，视图显示模型还是设置为"精细"，以确保管道按实际尺寸显示，如图 9-81 所示，避免误解。

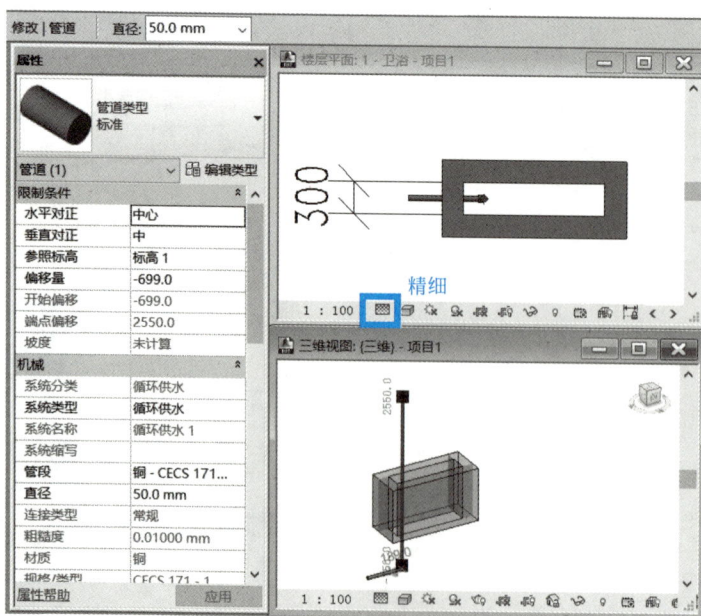

图 9-81　管道的精细显示

Revit 的"粗略"视图显示主要是为了出图，通过改变出图比例可以改变立管符号大小，因为注释符号的实际打印尺寸是不变的，所以所有的注释符号当视图比例越大时，注释符号显示就越小。

立管符号尺寸大小可以按以下方法设置：

（1）选择"管理"选项卡→MEP 设置→"机械设置"命令；

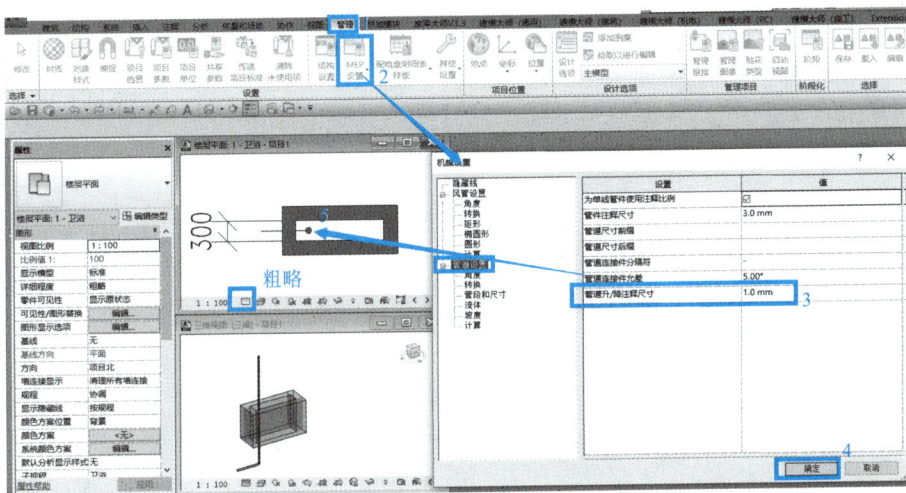

（2）在图 9-82 所示的"机械设置"窗口中，选择"管道设置"，改变"管道升/降注释尺寸"的大小。

图 9-82　"机械设置"窗口

【注意】：不建议直接改变"管道升/降注释尺寸"的大小，因为这样会影响出图的效果，而且这个设置是全局性的，会影响所有立管的标注符号。

9.3.9　管线的平面表达能不能使用像 AutoCAD 那样的带字母线型

由于目前版本的 Revit 线型不像 AutoCAD 那样可以直接带字母，所以只能通过附加管线标记来完成出图要求的管线平面表达。具体方法如下：

（1）把平面视图的视图样式改为"中等"或"粗略"；

（2）选择"注释"选项卡→"按类别标记"命令，将"引线"勾选去除；

（3）点选要标记的管线（图 9-83）。

附图里的标注建议改为仅类型标记，不要管径，这样才是 AutoCAD 的效果。

微课视频
9.3.9

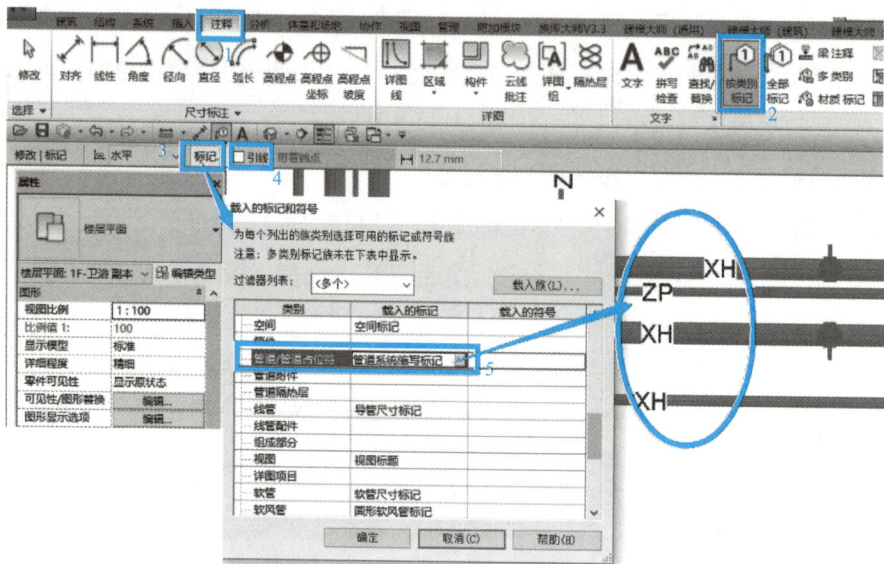

图 9-83　标记的管线

9.3.10　如何设置管线上下空间关系的遮挡表达

微课视频
9.3.10

在平面视图显示管线时，需要把管线上下空间遮挡关系表达出来，不论是双线表达方式还是单线表达方式，如图 9-84 所示。

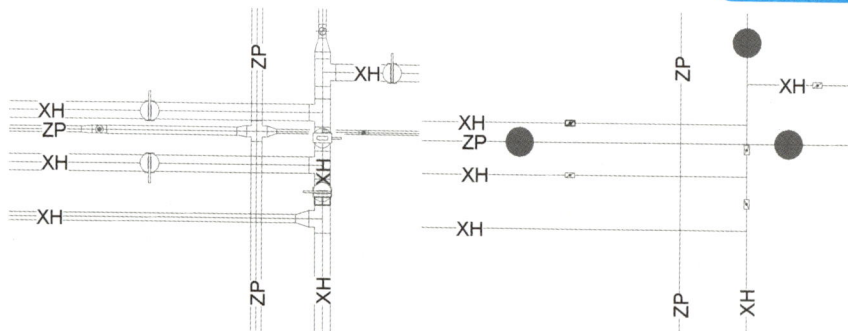

图 9-84　管线上下空间双线和单线表达方式

管线上下空间遮挡关系的显示方式是通过"MEP 设置"来控制的，打开"MEP设置"的方法如下：

（1）选择"管理"选项卡→MEP 设置→"机械设置"命令；

（2）在"机械设置"窗口（图 9-85），点选左侧面板的"隐藏线"，右侧面板的"绘制 MEP 隐藏线"选项默认勾选，将进行隐藏线的绘制，通过调整"内部间隙""外部间隙"和"单线"三个参数还可以分别控制隐藏线的效果；

　　　　　　　　　　　　　　　BIM 机电建模与应用

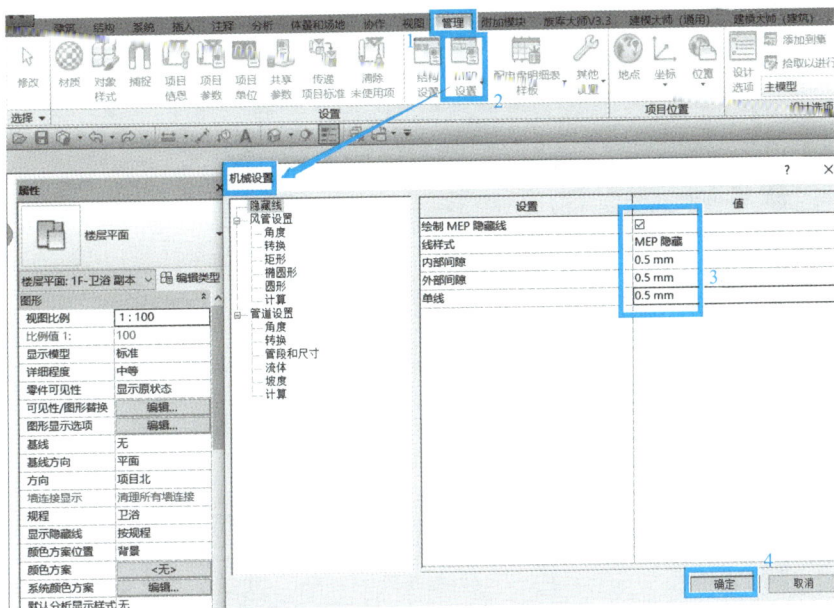

图9-85 隐藏线设置

（3）单击"确定"按钮完成设置。

9.3.11 如何按管道的直径尺寸做颜色的填充图例

微课视频
9.3.11

通常情况下，管道按专业和系统分别赋予不同的颜色，例如消防管道系统用红色，生活热水给水用黄色、空调冷冻水供水用青色等，以便于专业和系统的区分，如图9-86所示。

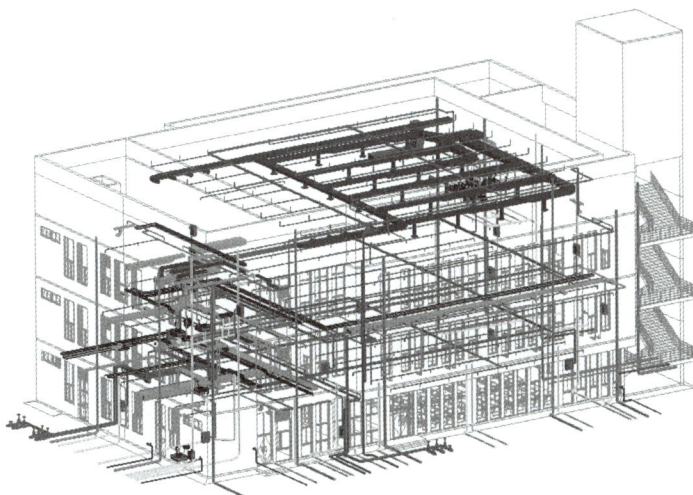

图9-86 按颜色区分专业和系统

但有时为了方便检查管道的直径是否正确，用颜色来区分管道直径比尺寸标注更为方便，如图 9-87 所示。

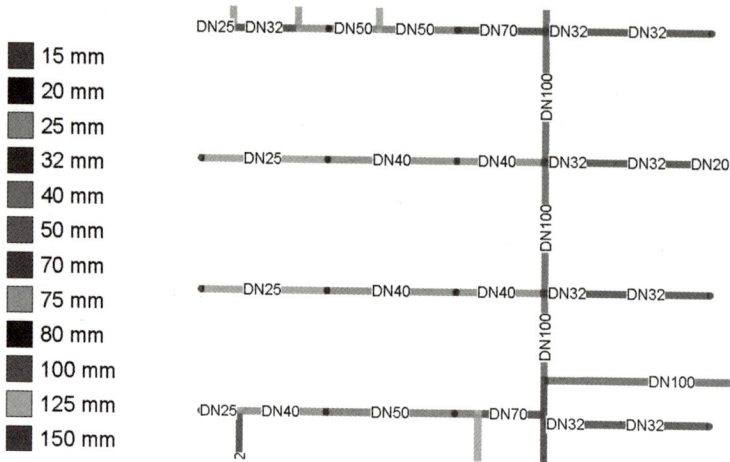

图 9-87　用颜色区分管道直径

具体方法如下：

（1）在平面视图属性窗口，单击"系统颜色方案"右边的"编辑"按钮，打开"颜色方案"窗口；

（2）单击"管道"右侧的配色方案按钮，打开"编辑颜色方案"窗口，如图 9-88 所示；

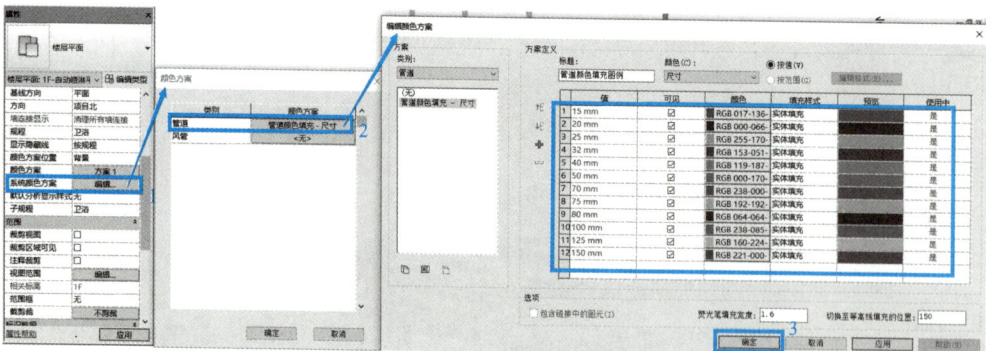

图 9-88　"编辑颜色方案"窗口

（3）选择默认的管道颜色填充方案，当然也可以自定义颜色填充方案；

（4）单击"确定"按钮，完成设置，颜色效果如同使用不同颜色的荧光笔进行填充；

（5）最后将管道填充图例放置于对应视图，单击"注释"选项卡→"管道图例"命令，将管道图例放置于视图合适位置即可，如图 9-89 所示。

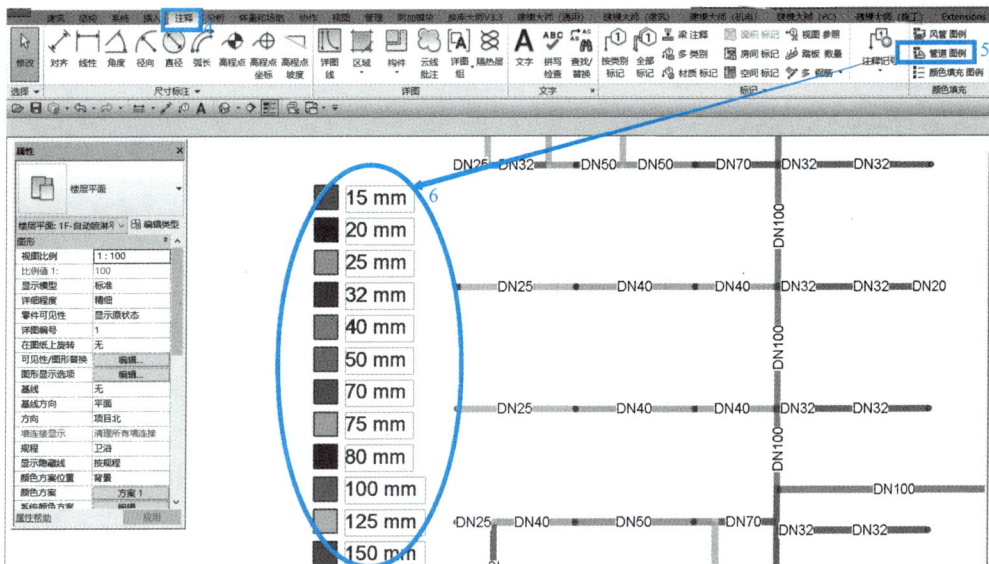

图 9-89　放置管道图例

　　【注意】：用“过滤器”定义颜色和用管道直径定义颜色两种方法只能使用其中一种，不能同时使用，如果之前已经用过滤器定义了颜色，则需要先删除过滤器，本方式才能起作用。

参考文献

[1] 中国建筑业 BIM 应用分析报告编委会 . 中国建筑业 BIM 应用分析报告（2020）. 北京：中国建筑工业出版社，2020.

[2] 黄亚斌，王全杰，杨勇 . Revit 机电应用实训教程 . 北京：化学工业出版社，2018.

[3] 赵麒，马爽 . 机电设计 BIM 应用与实践 . 北京：化学工业出版社，2018.

[4] 郭娟，袁富贵 . BIM 技术应用实务——建筑设备部分 . 武汉：武汉大学出版社，2018.

[5] 天津市建筑设计院 BIM 中心 . 基于 Revit 的 BIM 设计实务及管理——机电专业 . 北京：中国建筑工业出版社，2018.

[6] 优路教育 BIM 教学教研中心 . Autodesk Revit MEP 管线综合设计快速实例上手 . 北京：机械工业出版社，2017.

[7] 柏慕进业 . Autodesk Revit MEP 管线综合设计应用 . 北京：电子工业出版社，2016.

[8] 王君峰 . Navisworks BIM 管理应用思维课堂 . 北京：机械工业出版社，2017.

[9] 何波 . Revit 与 Navisworks 实用疑难 200 问 . 北京：中国建筑工业出版社，2015.

[10] 罗赤宇，焦柯 . BIM 正向设计与实践 . 北京：中国建筑工业出版社，2019.